煤矿新工人上岗必读手册

孙殿阁　丁翠◎编著

中国工人出版社

图书在版编目（CIP）数据

煤矿新工人上岗必读手册/孙殿阁，丁翠编著.—北京：中国工人出版社，2014.12

ISBN 978-7-5008-6008-2

Ⅰ.①煤… Ⅱ.①孙… ②丁… Ⅲ.①煤矿－安全生产－手册 Ⅳ.①TD79-62

中国版本图书馆CIP数据核字（2014）第291758号

煤矿新工人上岗必读手册

出 版 人 李庆堂
责任编辑 李素素
责任校对 赵贵芬
责任印制 栾征宇
出版发行 中国工人出版社
地　　址 北京市东城区鼓楼外大街45号 邮编：100120
网　　址 http://www.wp-china.com
电　　话 （010）62350006（总编室） （010）62005039（营销出版部）
（010）62382916（职工教育分社）
发行热线 （010）62005996 （010）82075964（传真）
经　　销 各地书店
印　　刷 北京睿特印刷厂
开　　本 710毫米×1000毫米 1/16
印　　张 12.5
字　　数 190千字
版　　次 2015年1月第1版 2015年1月第1次印刷
定　　价 22.00元

目 录

第一章　煤矿新工人安全生产法规知识

第一节　煤矿职工安全生产的权利和义务

一、煤矿职工的安全生产权利

2002年6月29日第九届全国人民代表大会常务委员会第二十八次会议通过了《中华人民共和国安全生产法》（以下简称《安全生产法》），并于2002年11月1日施行。2014年8月31日，第十二届全国人民代表大会常务委员会对其进行了修改，决定自2014年12月1日起施行。规定了各类从业人员必须享有的有关安全生产和人身安全的最重要和最基本的权利，这些基本安全生产权利可以概括为以下五项。

（一）得知危险因素、防范措施和事故应急措施的权利

生产经营单位特别是与矿山、建筑、危险品有关的生产经营单位，在生产过程中往往存在着一些对从业人员生命和健康有危险、危害的因素，直接接触这些危险因素的从业人员往往是生产安全事故的直接受害者。所以，《安全生产法》规定，生产经营单位从业人员有权了解其作业场所和工作岗位存在的危险因素及事故应急措施。要保证从业人员这项权利的行使，生产经营单位就有义务事前告知有关危险因素和事故应急措施。否则，生产经营单位就侵犯了从业人员的权利，并对由此产生的后果承担相应的法律责任。

（二）获得安全保障、工伤保险和民事赔偿的权利

《安全生产法》明确赋予了从业人员依法享有获得伤亡赔偿的权利，同时规定了生产经营单位的相关义务。其相关规定明确了以下四个问题：

（1）从业人员依法享有工伤保险和伤亡赔偿的权利。法律规定这项权利应以劳动合同必要条款的书面形式加以确认。

（2）依法为从业人员缴纳工伤社会保险费和给予民事赔偿，是生产经营单位的法律义务。生产经营单位不得以任何形式免除该项义务，不得变相以抵押金、担保金等名义强制从业人员缴纳工伤社会保险费。

（3）发生生产安全事故后，从业人员首先依照劳动合同和工伤社会保险合同的约定，享有相应的赔付金。如果工伤保险金不足以补偿受害者的人身损害及经济损失的，依照有关民事法律应当给予赔偿的，从业人员或其亲属有权要求生产经营单位给予赔偿，生产经营单位必须履行相应的赔偿义务。否则，受害者或其亲属有权向人民法院起诉和申请强制执行。

（4）从业人员获得工伤社会保险赔付和民事赔偿的金额标准、领取和支付程序，必须符合法律、法规和国家的有关规定。从业人员和生产经营单位均不得自行确定标准，不得非法提高或者降低标准。

《安全生产法》的上述规定主要针对大量存在的“生死合同”，赋予了从业人员必要的法定权利，具有可操作性和不可侵犯性。所谓的“生死合同”，实际就是私营企业老板利用法律不够健全和从业人员的无知，逃避因事故造成的从业人员伤亡的经济赔偿责任。《安全生产法》从法律上确定了“生死合同”的非法性，并规定了相应的法律责任，这就为从业人员的合法权利提供了法律保障，为监督管理和行政执法提供了明确的法律依据。

（三）对本单位安全生产的批评、检举和控告的权利

从业人员是生产经营单位的主人，他们对安全生产情况尤其是安全管理中的问题和事故隐患最了解、最熟悉，具有他人不能替代的作用。只有依靠他们并且赋予他们必要的安全生产监督权和自我保护权，才能做到预防为主，防患于未然，从而保障他们的人身安全和健康。

一些生产经营单位的主要负责人不重视安全生产，对安全问题熟视无

睹，不听取从业人员的正确意见和建议，使本来可以发现并及时处理的事故隐患不断扩大，导致事故和人员伤亡；有的还对批评、检举、控告生产经营单位安全生产问题的从业人员进行打击报复。《安全生产法》针对生产经营单位存在的不重视甚至剥夺从业人员对安全管理监督权利的问题，规定从业人员有权对本单位的安全生产工作提出建议；有权对本单位安全生产工作中存在的问题提出批评、检举、控告。

（四）拒绝违章指挥和强令冒险作业的权利

在生产经营单位经常出现企业负责人或者管理人员违章指挥和强令从业人员冒险作业的现象，由此导致事故，造成大量人员伤亡。因此，法律赋予从业人员拒绝违章指挥和强令冒险作业的权利，不仅是为了保护从业人员的人身安全，也是为了警示生产经营单位负责人和管理人员必须照章指挥，保证安全。《安全生产法》第五十一条规定："生产经营单位不得因从业人员对本单位安全生产工作提出批评、检举、控告或者拒绝违章指挥、强令冒险作业而降低其工资、福利等待遇或者解除与其订立的劳动合同。"

（五）紧急情况下停止作业和紧急撤离的权利

由于生产经营场所存在不可避免的自然和人为的危险因素，这些因素可能会对从业人员造成人身伤害。比如从事矿山、建筑、危险物品生产作业的从业人员，一旦将要发生透水、瓦斯爆炸、煤与瓦斯突出、冒顶、片帮、坠落、倒塌，危险物品泄漏、燃烧、爆炸等紧急情况并且无法避免时，最大限度地保护生命安全是第一位的，法律赋予他们享有停止作业和紧急撤离的权利。《安全生产法》第五十二条规定："从业人员发现直接危及人身安全的紧急情况时，有权停止作业或者在采取可能的应急措施后撤离作业场所。生产经营单位不得因从业人员在紧急情况下停止作业或者采取紧急撤离措施而降低其工资、福利等待遇或者解除与其订立的劳动合同。"从业人员在行使这项权利的时候，必须明确四点：一是危及从业人员人身安全的紧急情况必须有确实可靠的直接根据；二是紧急情况必须直接危及人身安全，间接或者可能危及人身安全的情况不应撤离，而应采取有效的处理措施；三是出现危及人身安全的紧急情况时，首先是停止作业，然后要采取可能的应急措施，采取应急措施无效时，再撤离作业场所，并向有关负责人报告；四是该项权利不适用于某些从事特殊职业的从业人员，比如飞行人员、船舶驾驶人员、车辆驾驶人员等，根据有关法律、国际公约和职业惯例，在发生危及人身安全的紧急情况下，他们不能先行撤离从业场所或者岗位。

二、煤矿职工的安全生产义务

《安全生产法》不但赋予了从业人员安全生产权利，也设定了相应的法定义务。作为法律关系内容的权利与义务是对等的。没有无权利的义务，也没有无义务的权利。从业人员依法享有权利，同时必须承担相应的法律义务。

（一）遵章守纪、服从管理的义务

《安全生产法》第五十四条规定：“从业人员在从业过程中，应当严格遵守本单位的安全生产规章制度和操作规程，服从管理，正确佩戴和使用劳动防护用品”。根据《安全生产法》和其他有关法律、法规，生产经营单位必须制定本单位安全生产的规章制度和操作规程，从业人员必须严格遵守。安全生产规章制度和操作规程是从业人员从事生产经营、确保安全的具体规范和依据。遵守规章制度和操作规程，实际上就是依法进行安全生产。

事实表明，从业人员违反规章制度和操作规程，是导致生产安全事故的主要原因。生产经营单位的负责人和管理人员有权依照规章制度和操作规程进行安全管理，监督检查从业人员遵章守规的情况。对这些安全生产管理措施，从业人员必须接受并服从管理。依照法律规定，生产经营单位的从业人员不服从管理，违反安全生产规章制度和操作规程的，由生产经营单位给予批评教育，依照有关规章制度给予处分；造成重大事故并构成犯罪的，依照刑法有关规定追究刑事责任。

（二）正确佩戴和使用劳动防护用品的义务

按照法律、法规的规定，为保障人身安全，生产经营单位必须为从业人员提供符合国家标准或行业标准的劳动防护用品，以避免或者减轻事故

造成的人身伤害。但实践中由于一些从业人员缺乏安全知识，认为佩戴和使用劳动防护用品没有必要，往往不按规定佩戴或者不能正确佩戴和使用劳动防护用品，由此引发的人身伤害时有发生，造成不必要的伤亡。比如煤矿矿工下井作业时必须佩戴矿灯用于照明，从事高空作业的工人必须佩戴安全带以防坠落，等等。另外，有的从业人员虽然佩戴和使用劳动防护用品，但由于不会或者没有正确使用而发生人身伤害。因此，正确佩戴和使用劳动防护用品是从业人员必须履行的法定义务，这是保障从业人员人身安全和生产经营单位安全生产的需要。从业人员不履行该项义务而造成人身伤害的，生产经营单位不承担法律责任。

（三）接受安全培训，掌握安全生产技能的义务

不同行业、不同生产经营单位、不同工作岗位和不同的生产经营设施、设备具有不同的安全技术特性和要求，随着生产经营领域的不断扩大和高新安全技术装备的大量使用，生产经营单位对从业人员的安全素质要求越来越高。从业人员的安全生产意识和安全技能的高低，直接关系到生产经营活动的安全可靠性。特别是从事矿山、建筑、危险物品生产作业和使用高科技安全技术装备的从业人员，更需要具有系统的安全知识，熟练的安全生产技能，以及对不安全因素和事故隐患、突发事故的预防、处理能力和经验。要适应生产经营活动对安全生产技术知识和能力的需要，必须对新招聘、转岗的从业人员进行专门的安全生产教育和业务培训。为明确从业人员接受培训、提高安全素质的法定义务，《安全生产法》第五十五条规定："从业人员应当接受安全生产教育和培训，掌握本职工作所需的安全生产知识，提高安全生产技能，增强事故预防和应急处理能力。"这对提高生产经营单位从业人员的安全意识、安全技能，预防、减少事故和人员伤亡，具有积极意义。

（四）发现事故隐患或者其他不安全因素及时报告的义务

从业人员直接进行生产经营作业，因此他们是事故隐患和不安全因素的第一当事人。许多生产安全事故是由于从业人员在作业现场发现事故隐患和不安全因素后没有及时报告，以致延误了采取措施进行紧急处理的时机。如果从业人员尽职尽责，及时发现并报告事故隐患和不安全因素，并

及时有效地处理，完全可以避免事故的发生和降低事故造成的损失。发现事故隐患并及时报告是贯彻预防为主的方针，加强事前防范的重要措施。为此，《安全生产法》第五十六条规定："从业人员发现事故隐患或者其他不安全因素，应当立即向现场安全生产管理人员或者本单位负责人报告；接到报告的人员应当及时予以处理。"这就要求从业人员必须具有高度的责任心，防微杜渐，防患于未然，及时发现事故隐患和不安全因素，预防事故发生。

三、煤矿职工职业病防治权利

为了预防、控制和消除职业病危害，防治职业病，保护劳动者健康及其相关权益，促进经济发展，2001 年 10 月 27 日第九届全国人大常委会第二十四次会议通过了《中华人民共和国职业病防治法》，并于 2002 年 5 月 1 日正式施行，2011 年 12 月 31 日第十一届全国人民代表大会常务委员会第二十四次会议对其进行了修正。《中华人民共和国职业病防治法》主要规定了以下内容：职业病防治工作坚持"预防为主、防治结合"的方针，建立用人单位负责、行政机关监管、行业自律、职工参与和社会监督的机制，实行分类管理、综合治理；劳动者依法享有职业卫生保护的权利、用人单位应当为劳动者创造符合国家职业卫生标准和卫生要求的工作条件和环境，并采取措施保障劳动者获得职业卫生保护、用人单位必须依法参加工伤保险。

《职业病防治法》第四十条，对劳动者的职业健康权利和义务作出了明确规定，劳动者享有以下职业卫生保护权利：

（1）获得职业卫生教育、培训；

（2）获得职业健康检查、职业病诊疗、康复等职业病防治服务；

（3）了解工作场所产生或者可能产生的职业病危害因素、危害后果和应当采取的职业病防护措施；

（4）要求用人单位提供符合防治职业病要求的职业病防护设施和个人使用的职业病防护用品，改善工作条件；

（5）对违反职业病防治法律、法规以及危及生命健康的行为提出批评、检举和控告；

（6）拒绝违章指挥和强令进行没有职业病防护措施的作业；

(7) 参与用人单位职业卫生工作的民主管理，对职业病防治工作提出意见。

职业病病人可依法享受国家规定的职业病待遇。用人单位应当按照国家有关规定，安排职业病病人进行治疗、康复和定期检查，对不适宜继续从事原工作的职业病病人，应当调离原岗位，并妥善安置。对从事接触职业病危害作业的劳动者，应当给予适当岗位津贴。职业病病人的诊疗、康复费用，伤残以及丧失劳动能力的职业病病人的社会保障，应按照国家有关工伤社会保险的规定执行。职业病病人除依法享有工伤社会保险外，依照有关民事法律，尚有获得赔偿的权利的，有权向用人单位提出赔偿要求，职业病病人变动工作单位，其依法享有的待遇不变。

四、煤矿职工职业病防治义务

《中华人民共和国职业病防治法》规定煤矿从业人员在享有上述权利的同时，还应履行以下相关义务：

（1）学习和掌握相关的职业卫生知识，增强职业病防范意识。

（2）遵守职业病防治法律、法规、规章和操作规程。

（3）正确使用、维护职业病防护设备和个人使用的职业病防护用品。

（4）发现职业病危害事故隐患应当及时报告。

第二节　煤矿新工人工伤保险知识

为了保障劳动者在工作中遭受事故伤害和患职业病后获得医疗救治、经济补偿和职业康复的权利，分散工伤风险，促进工伤预防，国务院于2010年12月8日第136次常务会议通过《国务院关于修改〈工伤保险条例〉的决定》（中华人民共和国国务院令第375号）取代原《工伤保险条例》，并于2011年1月1日起施行。

一、工伤范围的规定

对工伤范围的规定是职工进行工伤维权的前提。

《国务院关于修改〈工伤保险条例〉的决定》第十四条规定职工有下列情形之一的，应当认定为工伤：

（1）在工作时间和工作场所内，因工作原因受到事故伤害的。

（2）工作时间前后在工作场所内，从事与工作有关的预备性或者收尾性工作受到事故伤害的。

（3）在工作时间和工作场所内，因履行工作职责受到暴力等意外伤害的。

（4）患职业病的。

（5）因工外出期间，由于工作原因受到伤害或者发生事故下落不明的。

（6）在上下班途中，受到机动车事故伤害的。

（7）法律、行政法规规定应当认定为工伤的其他情形。

第十五条规定：职工有下列情形之一的，视同工伤：

（1）在工作时间和工作岗位，突发疾病死亡或者在48小时之内经抢救无效死亡的。

（2）在抢险救灾等维护国家利益、公共利益活动中受到伤害的。

（3）职工原在军队服役，因战、因公负伤致残，已取得革命伤残军人证，到用人单位后旧伤复发的。

职工有前款第（1）项、第（2）项情形的，按照本条例的有关规定享受工伤保险待遇；职工有前款第（3）项情形的，按照本条例的有关规定享受除一次性伤残补助金以外的工伤保险待遇。

第十六条规定：职工有下列情形之一的，不得认定为工伤或者视同工伤：

（1）因犯罪或者违反治安管理伤亡的。

（2）醉酒导致伤亡的。

（3）自残或者自杀的。

二、工伤认定程序

《国务院关于修改〈工伤保险条例〉的决定》第十七条规定：职工发生事故伤害或者按照《职业病防治法》规定被诊断、鉴定为职业病，所在单位应当自事故伤害发生之日或者被诊断、鉴定为职业病之日起30日内，向统筹地区劳动保障行政部门提出工伤认定申请。遇有特殊情况，经报劳动保障行政部门同意，申请时限可以适当延长。

用人单位未按前款规定提出工伤认定申请的，工伤职工或者其直系亲属、工会组织在事故伤害发生之日或者被诊断、鉴定为职业病之日起1年内，可以直接向用人单位所在地统筹地区劳动保障行政部门提出工伤认定申请。

按照本条第一款规定应当由省级劳动保障行政部门进行工伤认定的事项，根据属地原则由用人单位所在地的设区的市级劳动保障行政部门办理。

用人单位未在本条第一款规定的时限内提交工伤认定申请，在此期间发生符合本条例规定的工伤待遇等有关费用由该用人单位负担。

《决定》第十八条规定：提出工伤认定申请应当提交下列材料：

(1) 工伤认定申请表。

(2) 与用人单位存在劳动关系（包括事实劳动关系）的证明材料。

(3) 医疗诊断证明或者职业病诊断证明书（或者职业病诊断鉴定书）。

工伤认定申请表应当包括事故发生的时间、地点、原因以及职工伤害程度等基本情况。

工伤认定申请人提供材料不完整的，劳动保障行政部门应当一次性书面告知工伤认定申请人需要补正的全部材料。申请人按照书面告知要求补正材料后，劳动保障行政部门应当受理。

《决定》第十九规定：劳动保障行政部门受理工伤认定申请后，根据审核需要可以对事故伤害进行调查核实，用人单位、职工、工会组织、医疗机构以及有关部门应当予以协助。职业病诊断和诊断争议的鉴定，依照职业病防治法的有关规定执行。对依法取得职业病诊断证明书或者职业病诊断鉴定书的，劳动保障行政部门不再进行调查核实。

职工或者其直系亲属认为是工伤，用人单位不认为是工伤的，由用人单位承担举证责任。

《决定》第二十条规定：劳动保障行政部门应当自受理工伤认定申请之日起60日内作出工伤认定的决定，并书面通知申请工伤认定的职工或者其直系亲属和该职工所在单位。

劳动保障行政部门工作人员与工伤认定申请人有利害关系的，应当回避。

三、工伤待遇的有关规定

《国务院关于修改〈工伤保险条例〉的决定》对于职工工伤待遇的规定包括以下几个方面。

（一）工伤医疗待遇

第二十九条规定：职工因工作遭受事故伤害或者患职业病进行治疗，享受工伤医疗待遇。

职工治疗工伤应当在签订服务协议的医疗机构就医，情况紧急时可以先到就近的医疗机构急救。

治疗工伤所需费用符合工伤保险诊疗项目目录、工伤保险药品目录、工伤保险住院服务标准的，从工伤保险基金支付。工伤保险诊疗项目目录、工伤保险药品目录、工伤保险住院服务标准，由国务院劳动保障行政部门会同国务院卫生行政部门、药品监督管理部门等部门规定。

职工住院治疗工伤的，由所在单位按照本单位因公出差伙食补助标准的70%发给住院伙食补助费；经医疗机构出具证明，报经办机构同意，工伤职工到统筹地区以外就医的，所需交通、食宿费用由所在单位按照本单位职工因公出差标准报销。

工伤职工治疗非工伤引发的疾病，不享受工伤医疗待遇，按照基本医疗保险办法处理。

工伤职工到签订服务协议的医疗机构进行康复性治疗的费用，符合本条第三款规定的，从工伤保险基金支付。

第三十条规定：工伤职工因日常生活或者就业需要，经劳动能力鉴定委员会确认，可以安装假肢、矫形器、假眼、假牙和配置轮椅等辅助器具，所需费用按照国家规定的标准从工伤保险基金支付。

（二）停工留薪待遇

第三十一条规定：职工因工作遭受事故伤害或者患职业病需要暂停工作接受工伤医疗的，在停工留薪期内，原工资福利待遇不变，由所在单位按月支付。

停工留薪期一般不超过12个月。伤情严重或者情况特殊，经设区的市级劳动能力鉴定委员会确认，可以适当延长，但延长不得超过12个月。工伤职工评定伤残等级后，停发原待遇，按照本章的有关规定享受伤残待遇。工伤职工在停工留薪期满后仍需治疗的，继续享受工伤医疗待遇。

（三）生活护理费待遇

生活不能自理的工伤职工在停工留薪期需要护理的，由所在单位负责。第三十二条规定：工伤职工已经评定伤残等级并经劳动能力鉴定委员会确认需要生活护理的，从工伤保险基金按月支付生活护理费。

生活护理费按照生活完全不能自理、生活大部分不能自理或者生活部分不能自理3个不同等级支付，其标准分别为统筹地区上年度职工月平均工资的50%、40%或者30%。

（四）伤残补助待遇

第三十三条规定：职工因工致残被鉴定为一级至四级伤残的，保留劳动关系，退出工作岗位，享受以下待遇：

（1）从工伤保险基金按伤残等级支付一次性伤残补助金，标准为：一级伤残为24个月的本人工资，二级伤残为22个月的本人工资，三级伤残为20个月的本人工资，四级伤残为18个月的本人工资。

（2）从工伤保险基金按月支付伤残津贴，标准为：一级伤残为本人工资的90%，二级伤残为本人工资的85%，三级伤残为本人工资的80%，四级伤残为本人工资的75%。伤残津贴实际金额低于当地最低工资标准的，由工伤保险基金补足差额。

（3）工伤职工达到退休年龄并办理退休手续后，停发伤残津贴，享受基本养老保险待遇。基本养老保险待遇低于伤残津贴的，由工伤保险基金补足差额。

职工因工致残被鉴定为一级至四级伤残的，由用人单位和职工个人以伤残津贴为基数，缴纳基本医疗保险费。

第三十四条规定：职工因工致残被鉴定为五级、六级伤残的，享受以下待遇：

（1）从工伤保险基金按伤残等级支付一次性伤残补助金，标准为：五级伤残为16个月的本人工资，六级伤残为14个月的本人工资。

（2）保留与用人单位的劳动关系，由用人单位安排适当工作。难以安排工作的，由用人单位按月发给伤残津贴，标准为：五级伤残为本人工资的70%，六级伤残为本人工资的60%，并由用人单位按照规定为其缴纳应缴纳的各项社会保险费。伤残津贴实际金额低于当地最低工资标准的，由用人单位补足差额。

经工伤职工本人提出，该职工可以与用人单位解除或者终止劳动关系，由用人单位支付一次性工伤医疗补助金和伤残就业补助金。具体标准由省、自治区、直辖市人民政府规定。

第三十五条规定：职工因工致残被鉴定为七级至十级伤残的，享受以下待遇：

（1）从工伤保险基金按伤残等级支付一次性伤残补助金，标准为：七级伤残为12个月的本人工资，八级伤残为10个月的本人工资，九级伤残为8个月的本人工资，十级伤残为6个月的本人工资。

（2）劳动合同期满终止，或者职工本人提出解除劳动合同的，由用人单位支付一次性工伤医疗补助金和伤残就业补助金。具体标准由省、自治区、直辖市人民政府规定。

第三十六条规定：工伤职工工伤复发，确认需要治疗的，享受本条例第二十九条、第三十条和第三十一条规定的工伤待遇。

（五）家属抚恤待遇

第三十七条规定：职工因工死亡，其直系亲属按照下列规定从工伤保险基金领取丧葬补助金、供养亲属抚恤金和一次性工亡补助金：

（1）丧葬补助金为6个月的统筹地区上年度职工月平均工资。

（2）供养亲属抚恤金按照职工本人工资的一定比例发给由因工死亡职工生前提供主要生活来源、无劳动能力的亲属。标准为：配偶每月40%，其他亲属每人每月30%，孤寡老人或者孤儿每人每月在上述标准的基础上增加10%。核定的各供养亲属的抚恤金之和不应高于因工死亡职工生前的工资。供养亲属的具体范围由国务院劳动保障行政部门规定。

（3）一次性工亡补助金标准为48个月至60个月的统筹地区上年度职工月平均工资。具体标准由统筹地区的人民政府根据当地经济、社会发展状况规定，报省、自治区、直辖市人民政府备案。

伤残职工在停工留薪期内因工伤导致死亡的，其直系亲属享受本条第一款规定的待遇。

一级至四级伤残职工在停工留薪期满后死亡的，其直系亲属可以享受本条第一款第（一）项、第（二）项规定的待遇。

第三十八条规定：伤残津贴、供养亲属抚恤金、生活护理费由统筹地区劳动保障行政部门根据职工平均工资和生活费用变化等情况适时调整。调整办法由省、自治区、直辖市人民政府规定。

（六）情况变更下的待遇变化

第三十九规定：职工因工外出期间发生事故或者在抢险救灾中下落不明的，从事故发生当月起3个月内照发工资，从第4个月起停发工资，由工伤保险基金向其供养亲属按月支付供养亲属抚恤金。生活有困难的，可以预支一次性工亡补助金的50%。职工被人民法院宣告死亡的，按照本《决定》第三十七条职工因工死亡的规定处理。

第四十条规定：工伤职工有下列情形之一的，停止享受工伤保险待遇：

（1）丧失享受待遇条件的。

（2）拒不接受劳动能力鉴定的。

（3）拒绝治疗的。

（4）被判刑正在收监执行的。

第四十一条规定：用人单位分立、合并、转让的，承继单位应当承担原用人单位的工伤保险责任；原用人单位已经参加工伤保险的，承继单位应当到当地经办机构办理工伤保险变更登记。

用人单位实行承包经营的，工伤保险责任由职工劳动关系所在单位承担。

职工被借调期间受到工伤事故伤害的，由原用人单位承担工伤保险责任，但原用人单位与借调单位可以约定补偿办法。

企业破产的，在破产清算时优先拨付依法应由单位支付的工伤保险待遇费用。

第四十二条规定：职工被派遣出境工作，依据前往国家或者地区的法律应当参加当地工伤保险的，参加当地工伤保险，其国内工伤保险关系中止；不能参加当地工伤保险的，其国内工伤保险关系不中止。

第四十三条规定：职工再次发生工伤，根据规定应当享受伤残津贴的，按照新认定的伤残等级享受伤残津贴待遇。

第三节　劳动保护与劳动合同基本知识

一、《职业病防治法》

我国于2001年10月27日第九届全国人民代表大会常务委员会第二十四次会议通过《中华人民共和国职业病防治法》（以下简称《职业病防治法》），并于2011年12月31日第十一届全国人民代表大会常务委员会第二十四次会议通过《关于修改〈中华人民共和国职业病防治法〉的决定》。

《职业病防治法》中与煤矿工人相关的规定如下：

（1）用人单位必须依法参加工伤保险。国务院和县级以上地方人民政府劳动保障行政部门应当加强对工伤保险的监督管理，确保劳动者依法享受工伤保险待遇。

（2）产生职业病危害的用人单位的设立除应当符合法律、行政法规规定的设立条件外，其工作场所还应当符合有配套的更衣间、洗浴间、孕妇休息间等卫生设施等职业卫生要求。

（3）用人单位必须采用有效的职业病防护设施，并为劳动者提供个人使用的职业病防护用品。用人单位为劳动者个人提供的职业病防护用品必须符合防治职业病的要求；不符合要求的，不得使用。

（4）对可能发生急性职业损伤的有毒、有害工作场所，用人单位应当设置报警装置，配置现场急救用品、冲洗设备、应急撤离通道和必要的泄险区。对放射工作场所和放射性同位素的运输、贮存，用人单位必须配置防护设备和报警装置，保证接触放射线的工作人员佩戴个人剂量计。

（5）用人单位与劳动者订立劳动合同（含聘用合同，下同）时，应当将工作过程中可能产生的职业病危害及其后果、职业病防护措施和待遇等如实告知劳动者，并在劳动合同中写明，不得隐瞒或者欺骗。

劳动者在已订立劳动合同期间因工作岗位或者工作内容变更，从事与所订立劳动合同中未告知的存在职业病危害的作业时，用人单位应当向劳动者履行如实告知的义务，并协商变更原劳动合同相关条款。

用人单位违反上述规定的，劳动者有权拒绝从事存在职业病危害的作业，用人单位不得因此解除与劳动者所订立的劳动合同。

（6）劳动者离开用人单位时，有权索取本人职业健康监护档案复印件，用人单位应当如实、无偿提供，并在所提供的复印件上签章。

二、《劳动合同法》

《中华人民共和国劳动合同法》由第十届全国人民代表大会常务委员会第二十八次会议于2007年6月29日通过，并自2008年1月1日起施行。《劳动合同法》中与煤矿工人相关的规定如下：

（一）用工规范的相关规定

第四条规定：用人单位应当依法建立和完善劳动规章制度，保障劳动者享有劳动权利、履行劳动义务。

用人单位在制定、修改或者决定有关劳动报酬、工作时间、休息休假、劳动安全卫生、保险福利、职工培训、劳动纪律以及劳动定额管理等直接涉及劳动者切身利益的规章制度或者重大事项时，应当经职工代表大会或者全体职工讨论，提出方案和意见，与工会或者职工代表平等协商确定。

在规章制度和重大事项决定实施过程中，工会或者职工认为不适当的，有权向用人单位提出，通过协商予以修改完善。

用人单位应当将直接涉及劳动者切身利益的规章制度和重大事项决定公示，或者告知劳动者。

第八条规定：用人单位招用劳动者时，应当如实告知劳动者工作内容、工作条件、工作地点、职业危害、安全生产状况、劳动报酬，以及劳动者要求了解的其他情况；用人单位有权了解劳动者与劳动合同直接相关的基本情况，劳动者应当如实说明。

（二）试用期的相关规定

第九条规定：用人单位招用劳动者，不得扣押劳动者的居民身份证和其他证件，不得要求劳动者提供担保或者以其他名义向劳动者收取财物。

第十九条规定：劳动合同期限三个月以上不满一年的，试用期不得超过一个月；劳动合同期限一年以上不满三年的，试用期不得超过二个月；三年以上固定期限和无固定期限的劳动合同，试用期不得超过六个月。

同一用人单位与同一劳动者只能约定一次试用期。

以完成一定工作任务为期限的劳动合同或者劳动合同期限不满三个月的，不得约定试用期。

试用期包含在劳动合同期限内。劳动合同仅约定试用期的，试用期不成立，该期限为劳动合同期限。

第二十条规定：劳动者在试用期的工资不得低于本单位相同岗位最低档工资或者劳动合同约定工资的百分之八十，并不得低于用人单位所在地的最低工资标准。

（三）用工方式的相关规定

第三十一条规定：用人单位应当严格执行劳动定额标准，不得强迫或者变相强迫劳动者加班。用人单位安排加班的，应当按照国家有关规定向劳动者支付加班费。

第三十二条规定：劳动者拒绝用人单位管理人员违章指挥、强令冒险作业的，不视为违反劳动合同。

劳动者对危害生命安全和身体健康的劳动条件，有权对用人单位提出批评、检举和控告。

第三十八条第六款规定：用人单位以暴力、威胁或者非法限制人身自由的手段强迫劳动者劳动的，或者用人单位违章指挥、强令冒险作业危及劳动者人身安全的，劳动者可以立即解除劳动合同，不需事先告知用人单位。

第四十二条规定：劳动者有下列情形之一的，用人单位不得依照本法第四十条、第四十一条的规定解除劳动合同：

(1) 从事接触职业病危害作业的劳动者未进行离岗前职业健康检查，或者疑似职业病病人在诊断或者医学观察期间的；

(2) 在本单位患职业病或者因工负伤并被确认丧失或者部分丧失劳动能力的；

(3) 患病或者非因工负伤，在规定的医疗期内的；

（4）女职工在孕期、产期、哺乳期的；

（5）在本单位连续工作满十五年，且距法定退休年龄不足五年的；

（6）法律、行政法规规定的其他情形。

第四节　煤矿新工人入井安全管理规定

为了保证在安全的条件下，完成各项生产任务，每个煤矿下井工人都必须认真学习入井须知。

一、入井前的安全教育

煤矿企业必须对职工进行安全教育，未经安全培训的，不得上岗作业。新进矿山的井下作业职工，接受安全教育、培训时间不得少于72个小时，考试合格后，必须在有安全工作经验的职工带领下工作满4个月，考核合格后，方可独立作业。特种作业人员必须按国家有关规定培训，并取得操作资格证书。对调换工种和采用新工艺作业的人员，必须重新培训，经考核合格后，方可上岗作业。

在培训期间，主要学习有关安全法规、煤矿“三大规程”、煤矿安全技术知识及矿纪矿规等有关规章制度。了解矿井概况以及发生事故时的避灾路线，熟悉矿井安全生产的客观规律，提高抗灾能力和自我保护意识。

新入井的工人，还应与老工人签订师徒合同，虚心向老工人学习。因为老工人是煤矿安全生产的主力和骨干，他们有着丰富的安全生产经验和操作技术，是青年工人值得尊敬和学习的好老师。在没有得到老工人的许可前，不要擅自在井下单独行动。同时，还必须虚心接受安检人员的检查和意见，并按他们提出的有关安全生产方面的意见去改进工作，以确保安全。

二、入井前的准备

在入井前，一定要睡足、吃饱、休息好，精神饱满、神志清醒，保持体能强健和精力充沛。入井前绝对不许喝酒，否则神志不清、精力不集中，在井下行走、乘车、工作时，就容易出差错，甚至酿成事故。严禁携带引火物品入井，如香烟、火柴、打火机等，井下绝对禁止吸烟。因为在井下吸烟、点火等，可能会引起矿井火灾和瓦斯、煤尘爆炸。

入井前要穿好工作服（严禁穿化纤衣服，防止产生静电）、胶靴，脖子上围条毛巾，按规定佩戴口罩、手套等防护用品。工作服和鞋袜要穿着整齐利索，袖口扎好，防止被转动着的机器缠咬而发生意外事故。如果工作地点有淋水或使用湿式钻眼和洒水防尘，必要时还应穿好雨衣，防止淋湿着凉及患病。每一个入井人员必须要戴安全帽和矿灯，并且随身携带好自救器，方可入井。

工人在每天入井前，要开好班前会，认真听取区（队）领导和工程技术人员布置的任务以及所传达的作业规程、操作规程和各项安全措施。

《煤矿安全规程》（以下简称《规程》）规定：“煤矿企业必须建立入井检身制度和出入井人员清点制度。”实行这两种制度的目的，是对入井人员应该做到的基本要求及时督促和检查，既有利保证下井人员符合要求，当井下发生意外事故时，还有利于矿工能及时得到救援。

新工人入井前必须进行身体健康检查，有禁忌症者不得从事煤矿工作。有下列病症之一的人不得从事井下工作：癫痫病和精神分裂症患者、风湿病、严重的皮肤病、活动性肺结核及肺外结核病、严重的上呼吸道或支气管疾病；显著影响肺功能的肺脏病或胸膜病变、心血管器质性疾病，或者经医疗鉴定，不适于从事井下工作的其他疾病。

三、入井注意事项

（一）正确使用矿灯

矿灯是入井人员必须携带的照明工具，它被称为矿工的“眼睛”。

矿灯有各种类型，以携带方式来分有手提灯和头灯（或称帽灯）两种。头灯对井下工作的矿工携带最为方便。

1. 正确检查矿灯

《规程》规定：“发出的矿灯，最低应能连续正常使用11小时。”入井人员从灯房领到矿灯后，应做如下检查：

（1）电池盒体上是否有煤矿矿用产品安全标志MA（代表Mei An）字样和统一编号。

（2）电池盒体有无破裂或透气盖处有无漏液现象。

（3）灯线有无破损，灯线与电池和灯头连接是否牢固，灯线两端出、入口处密封是否良好，灯线长度应在1米以上。

（4）灯头圈是否松动，灯头壳体有无破损，灯面玻璃有无破裂。

（5）灯头上的开关是否完好可靠。

（6）灯锁是否锁好，有无松动。

（7）灯光是否明亮。

（8）若检查发现上述问题时，应要求灯房人员进行修复或更换。

2. 使用矿灯注意事项

（1）经检查确无问题后，入井前要把矿灯佩戴好，不要提在手里，灯盒用腰带串好扎在腰间，灯头帽钩插在安全帽上。

（2）入井人员要爱护矿灯，严禁在井下随意拆卸、敲打、撞击矿灯，以免产生电火花引起瓦斯或煤尘爆炸事故。

（3）不得手提灯线甩动灯头，以免损坏灯线。

（4）矿灯必须装有可靠的短路保护装置。高瓦斯矿井应装有短路保护器。

（5）禁止用矿灯的电池代替放炮器放炮。

（6）出井后必须立即将矿灯交回灯房，以便及时充电。如因工作需要连班时，必须换灯。

（7）使用中如果发生故障，交灯时应主动向灯房人员说明。

（8）使用固定矿灯的人员，不得随意和他人互换矿灯。

（9）交回的矿灯应保持完好、无损伤。

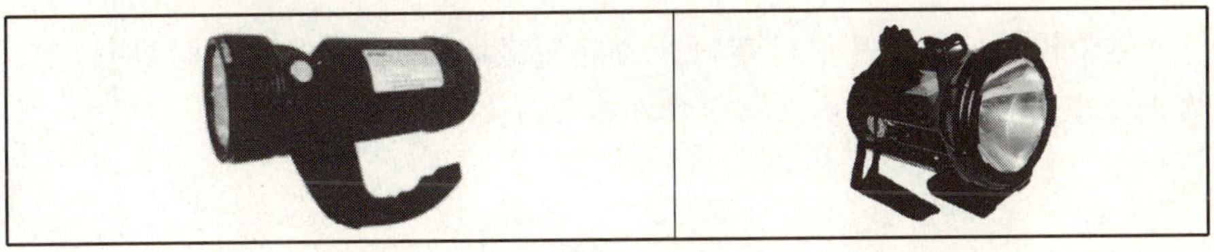

图1－1　手提灯

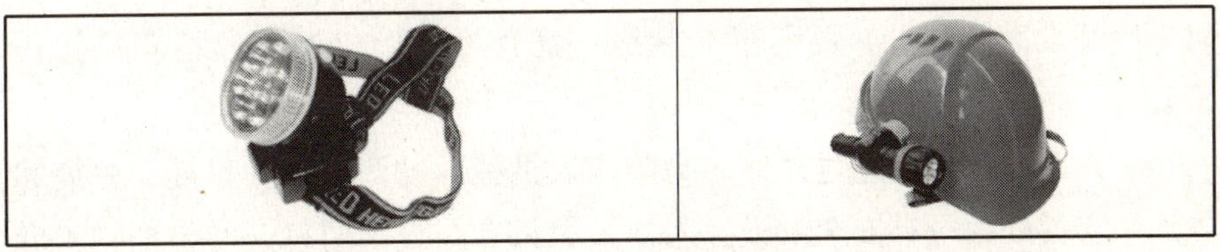

图1－2　头灯

（二）正确乘吊桶（罐笼）

（1）上、下井时，要遵守井口、井底的制度，在指定地点等候，待吊桶（罐笼）停稳后，排队按次序上下吊桶（罐笼）。

（2）乘吊桶时，要服从井口把钩人员的指挥，自觉接受井口检查人员的检查和劝告。

（3）上下井乘坐吊桶时，必须系安全带，安全带要与吊桶专门固定安全带的钢丝绳连接好、锁好，人要背对吊桶向外站，安全带不能缠绕身体，要放在背后使其自然下落。任何部位都不准突出容器外缘，在运行中，尤其过吊盘的喇叭口时不准任何部位突出容器外缘。同时，吊桶的安全装置应齐全、良好。

（4）人员进入吊桶后，不准打闹，手应握紧扶手；手、脚和头以及随身携带的工具物品不准露出吊桶（罐笼）外。开车信号发出后，或吊桶（罐笼）尚未停稳及未发出停车信号前，不得争抢上下。

（5）任何人员不准与携带火药、雷管的放炮人员同罐上下，也不准乘坐装有设备材料的吊桶。

（三）正确携带工具

井下作业人员随身携带的工具，一定要妥善保管。锋利的工具刃口要带套，并朝着行进方向携带。注意与同行人员保持一定的距离，避免因碰撞误伤同行人员。

携带较长工具在井下行走时，为避免碰坏头顶上方的矿井照明灯等，禁止将较长工具斜扛在肩上，应拿在手中行走。

（四）安全行走

井下巷道断面有限，来往车辆多，光线较暗，作业人员在井下行走时，应特别谨慎小心。否则稍有麻痹，就有可能造成摔倒或被车辆挤压事故。

工人下井时必然经过井口。为防止人员掉入井筒，在井口处、井筒和各水平连接处都应有安全设施。入井人员只有在安全门打开时，把钩工允许的情况下方可通过。行人要想到井筒对面去，必须经人行绕道过去，禁止直接走提升间（即井筒）过到对面。

井下运输巷的一侧，都留有足够宽的人行道供人行走。为防止来往车辆伤人，禁止在两轨道中间行走。不能随意穿越轨道，如果因工作需要横过时，要看清前后确认没有车辆通过时，才能横过。如果要横过绞车道或无极绳道，只要有钢丝绳在运行，无论所提升的车辆有多远，都不得横过，只有在提升绳停止不动时，才可横跨，并应注意不要被提升绳绊倒。

在人行道不够规定宽度的运输巷道行走时，要注意有无运行的车辆正在接近自己。如果发现有车时，就应立即就近进入躲避硐室暂时避险，等车过去后再出来。在接近巷道拐弯处、岔道口、巷道口、风门处时要止步观望，观察并静听有无车辆接近的声音，确认没有时，方可继续前行。行走时注意巷道中的水坑、石块，谨防因矿压等作用形成的底鼓绊脚，压梁碰头。行走时，思想要集中，瞻前顾后，踩实踏稳，方能确保行走安全。

在施工期间的既运输又兼行人的材料道行走时，要遵守“行车不行人，行人不行车”的规定。任何人不准从斜巷井底穿过，必须从专门设置的绕行道通行。

巷道口钉有栅栏或挂有危险警告牌的地点，说明里面有冒顶危险或积聚有害气体，行人是绝对不能鲁莽进入的。

在巷道上方有人工作的地方穿过时，应与上面的工作人员联系，请他们暂时停止工作，然后再通过。

（五）正确识别信号

矿井生产中的各个环节，都设有用声光表示的工作信号或危险警告信号。所以，信号是保证工作联系和安全生产所必需的手段。

矿井的各种信号有着具体的规定和指令。矿井的提升运输信号一般用的是电铃声和红绿灯作指示。红灯表示危险信号，看到红灯车辆要停止开动，行走的人员要止步等待。绿灯表示安全，车辆可以通过，人员可在人行道上行走。电铃的不同声音或声音次数表示不同的指令信号。井底要求提升人员时，井底信号工必须先向井口发出要求信号，得到井口回应后，井底信号工才准许人员进入，必要时也可用通信工具代替信号联系。这都是正常工作方式变动的联络信号。另外，还需要注意安全警告信号、发生事故的灾害信号。如甲烷传感监测系统，在工作点监测出甲烷超限时的警报信号；放炮员在放炮前用口哨发出的预告信号。所有在甲烷超限区域内或在放炮区域内的人，听到或看到这些预告信号后，都必须停止工作，自动迅速躲避到指定的安全地点。只有听到危险解除信号后，方可从安全地点走出。

每个入井的工作人员都必须熟悉本矿规定的各种信号指示意义。在入井乘吊桶（罐笼）时，在水平大巷或斜巷行走时，在工作地点工作时，都要时时注意信号，听从信号指挥。不可粗心鲁莽行事，否则会发生危险，出现意想不到的事故。

信号设备是保证矿井安全生产的重要装置。信号的完好，发送的正确与否，关系着每一位井下作业人员的切身安全和正常的矿井生产秩序。所以，井下的所有人员对信号设备都要加以爱护，不能随意拨弄和损坏它们。如果发现信号失灵或不起作用时，要及时向安检部门报告，以便立即派人修复，保证正常的安全生产。

信号是指挥生产和确保安全的重要手段，必须由专人发送。只有正确地发送信号，方可保证正常生产。所以信号发送人必须是工作责任心强、经过安全技术培训、熟练掌握岗位操作技术、考试合格并取得安全操作资格证书的人员。

四、正确使用劳动防护用品

（一）劳动防护用品的分类

劳动防护用品是指由生产经营单位为从业人员配备的，使其在劳动过程中免遭或者减轻事故伤害及职业危害的个人防护装备。使用劳动防护用品是保障从业人员人身安全与健康的重要措施，也是生产经营单位安全生产日常管理的重要工作内容。

2005 年 7 月 8 日，国家安全生产监督管理总局 1 号令发布的《劳动防护用品监督管理规定》中将劳动防护用品分为特种劳动防护用品和一般劳动防护用品两大类。一般劳动保护用品指的是普通的工作服和手套等。《特种劳动防护用品安全标志实施细则》（安监总规划字〔2005〕149 号）明确了特种劳动防护用品目录、安全标志管理等（如表 1－1 所示）。

表 1－1　特种劳动防护用品目录

分类	特种劳动防护用品	图例
一、头部护具类	安全帽	
二、呼吸护具类	防尘口罩 过滤式防毒面具 自给式空气呼吸器 长管面具	
三、眼（面）护具类	焊接眼面防护具 防冲击眼护具	
四、防护服类	阻燃防护服 防酸工作服 防静电工作服	
五、防护鞋类	保护足趾安全鞋 防静电鞋、导电鞋 防刺穿鞋 胶面防砸安全靴 电绝缘鞋 耐酸碱皮鞋 耐酸碱胶靴 耐酸碱塑料模压靴	
六、防坠落护具类	安全带 安全网 密目式安全立网	

（二）劳动防护用品的配备与使用规定

《劳动防护用品监督管理规定》对于劳动防护用品的配备与使用做了如下规定：

(1) 生产经营单位应当按照《劳动防护用品选用规则》（GB11651）和国家颁发的劳动防护用品配备标准以及有关规定，为从业人员配备劳动防护用品。

(2) 生产经营单位应当安排用于配备劳动防护用品的专项经费。生产经营单位不得以货币或者其他物品替代应当按规定配备的劳动防护用品。

(3) 生产经营单位为从业人员提供的劳动防护用品，必须符合国家标准或者行业标准，不得超过使用期限。生产经营单位应当督促、教育从业人员正确佩戴和使用劳动防护用品。

(4) 生产经营单位应当建立健全劳动防护用品的采购、验收、保管、发放、使用、报废等管理制度。

(5) 生产经营单位不得采购和使用无安全标志的特种劳动防护用品；购买的特种劳动防护用品须经本单位的安全生产技术部门或者管理人员检查验收。

(6) 从业人员在作业过程中，必须按照安全生产规章制度和劳动防护用品使用规则，正确佩戴和使用劳动防护用品；未按规定佩戴和使用劳动防护用品的，不得上岗作业。

对煤矿工人而言，要做到“三会”，即“会检查劳动防护用品的可靠性，会正确使用劳动防护用品，会正确维护保养劳动防护用品”。其中，劳动防护用品可靠性的检查，可根据煤矿经营单位制定的检查表进行（如表1－2所示）。

表1－2　劳动防护用品安全检查表

序号	检查内容
1	组件完整、无短缺、无破损
2	绳索、编织带无脆裂、断股或扭结
3	皮革配件完好、无伤残
4	金属配件无裂纹、焊接无缺陷、无严重锈蚀
5	挂钩的钩舌咬口平整不错位、保险装置完整可靠

续表

序号	检查内容
6	活梁卡子的活梁灵活、表面滚花良好、与边框间距符合要求
7	铆钉无明显偏位、表面平整
8	定期检查合格、有记录、未超期使用
9	按照国家标准制造的产品，标志、标识清晰，有明确的报废周期
10	配备的防坠器应制动可靠

知识检测

一、填空题

1.《煤矿安全规程》中规定关于煤矿的“一通三防”是指______、______、______。

2. 对新从业人员应进行______、______、______三级安全生产教育培训。

3. 安全生产责任制一般由______、______两个部分组成。

4. 煤矿工人的岗位职责包括认真学习和严格遵守各项规章制度、劳动纪律，不违章作业，并______他人违章作业。

5. 煤矿工人要精心操作，做好各项记录，交接班必须交接______，交班要为接班创造安全生产的良好条件。

6.《安全生产法》第二十条规定：“生产经营单位应当具备的安全生产条件所需的资金投入，由生产经营单位的______、______或者______予以保证，并对由于安全生产所需的资金投入不足导致的后果承担责任。”

7. 按照煤矿企业核定（设计）或者采矿许可证确定的生产能力核定，煤矿企业的存储标准为：3万吨以下（含3万吨）存储______万～______万元。

8. 煤矿安全生产中的“三违”是指：______、______、______。

9. 煤矿安全生产中的“三超”是指：______、______、______组织生产。

10. 新进矿山的井下作业职工，接受安全教育、培训的时间不得少于______个小时，考试合格后，必须在有安全工作经验的职工带领下工作满______个月，然后经再次考核合格，方可独立工作。

二、选择题

1. 入井人员必须戴安全帽，随身携带（　　）和矿灯。

A. 自救器　　B. 工具　　C. 身份证

2. 按照“安全目标管理制度”，年初矿长与各区队队长、队长与班组长、班组长与个人签订（　　）。

A. 安全生产责任状　B. 用人合同　　C. 生死免责合同

3. 现阶段人们常说的“三项岗位人员”是指企业（　　）。

A. 主要负责人　　B. 安全生产管理人员

C. 特种作业人员　D. 从业人员

4. 作为煤矿企业职工对《安全生产事故隐患排查治理暂行规定》制度应该有所了解，一旦发现事故隐患，应及时向（　　）和有关部门报告。

A. 当地人民政府　B. 安全监管监察部门

C. 企业工会　　　　D. 企业主要负责人

5. 安全监督检查实行生产环节全过程管理，（　　）是现场工作的监督检查者。

A. 安监员　　　　B. 部门经理　　C. 值班班长　　　D. 值班经理

6. 煤矿企业需建立并实施安全举报制度。安全举报制度一般包含（　　）等内容。

A. 安全举报内容　　B. 举报方式　　C. 举报受理　　　D. 处置规定

7. 依据《安全生产法》的规定，从业人员的工伤保险费由（　　）缴纳。

A. 从业人员　　　　　　　　　B. 生产经营单位和从业人员共同

C. 生产经营单位主要负责人　　D. 生产经营单位

8. 依据《安全生产法》对从业人员权利和义务的有关规定，当发现直接危及自身安全的紧急情况时，从业人员（　　）。

A. 要坚守岗位　　　B. 要采取一切技术手段抢险救灾

C. 在采取必要的个人防护措施后，在现场静观事态变化

D. 有权停止作业或者在采取可能的应急措施后撤离作业现场

9. 依据《刑法》的规定，存在（　　）的违法行为，因而发生重大伤亡事故或者造成其他严重后果的，处5年以下有期徒刑或者拘役；情节特别恶劣的，处5年以上有期徒刑。

A. 在生产、作业中违反有关安全管理规定

B. 强令他人违章、冒险作业

C. 安全生产设施或者安全生产条件不符合国家规定

D. 举办大型群众性活动违反安全管理规定

10. 依照《安全生产法》的规定，生产经营单位的特种作业人员未经培训并取得特种作业操作资格证书的，（　　）上岗作业。

A. 经批准可以　　B. 不得　　C. 特殊情况下可以　　D. 一般不得

三、名词解释

1. “一通三防”　2. 安全奖惩制度　3. 煤矿安全生产方针

4. 煤矿三大规程　5. 三类高危行业

四、简答题

1. 煤矿工人的安全职责有哪些？　　2. 简述入井注意事项。

3.《劳动防护用品监督管理规定》对于劳动防护用品配备与使用作哪些规定？

4. 安全举报内容包括哪些？

5. 患有何种疾病的人不得从事煤矿工作？

第二章　煤矿开采基础知识

第一节　矿井开拓方式

为了开采煤炭，必须由地面向下开掘一系列井巷，这一系列井巷的布置、开掘称为矿井开拓。根据进入煤层的井硐形式的不同，矿井开拓可分为立井开拓、斜井开拓、平硐开拓和综合开拓四种。

一、立井开拓

立井开拓是利用一对垂直巷道由地面进入井下，并通过一系列巷道进入煤层的开拓方式（如图 2－1 所示）。立井开拓在我国被广泛采用，无论井田划分为阶段还是盘区，都可采用立井开拓方式。其主要优点是对矿井水文地质条件有广泛地适应性。在立井开拓施工中不受表土、煤层埋深、井田尺寸和地质构造的限制，特别是对于煤层埋藏较深、冲击层较厚的地质条件，立井开拓更有优越性。其缺点主要是立井开拓施工及井筒提升设备较为复杂，提升成本相对较高。

二、斜井开拓

斜井开拓是指利用倾斜井筒由地面进入井下，再由一系列巷道进入煤层的开拓方式（如图 2－2 所示）。斜井开拓在我国应用很广，有多种不同形式。按照斜井与井田的划分方式配合不同，可分为片盘斜井和集中斜井两种。斜井开拓的优点是井筒掘进比立井掘进施工简单，掘进速度快，矿井提升设备简单。另外，在主斜井中安装大功率带式输送机后，提升运输能力很大。但是如果煤层埋藏很深或井田内表土冲击层很厚时，斜井的长度会很大，井筒掘进穿过冲击层时较为困难，所以在煤层埋藏不深、水文地质条件简单的条件下一般采用斜井开拓。

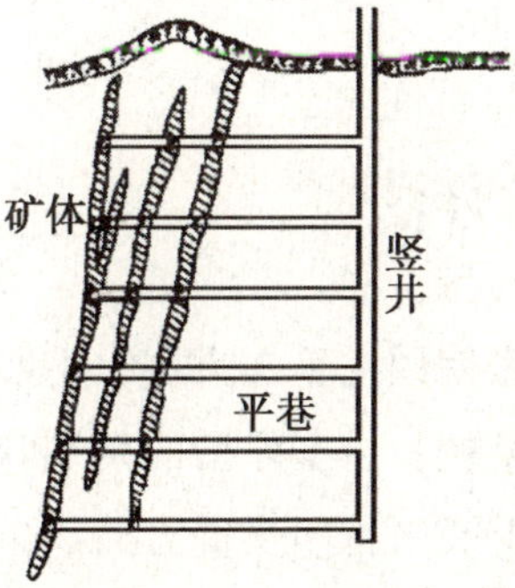

图 2－1 立井开拓示意图

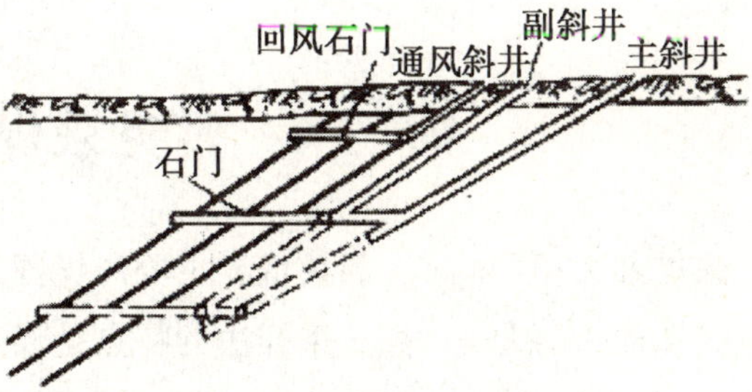

图 2－2 斜井开拓示意图

三、平硐开拓

利用水平巷道进入煤层的开拓方式称为平硐开拓（如图 2－3 所示）。平硐开拓是一种最简单的开拓方式。在山岭丘陵地带，如果煤层高于地面外部水平标高，且有足够的储量时，大都首选平硐开拓。采用平硐开拓时，一般只开一条主平硐来担任矿井的运输、进风、排水、管线架设及行人任务。而矿井的回风则是依靠井田上部的回风井。按照平硐和煤层的走向关系，又可将平硐开拓分为走向平硐、垂直平硐和阶梯平硐。

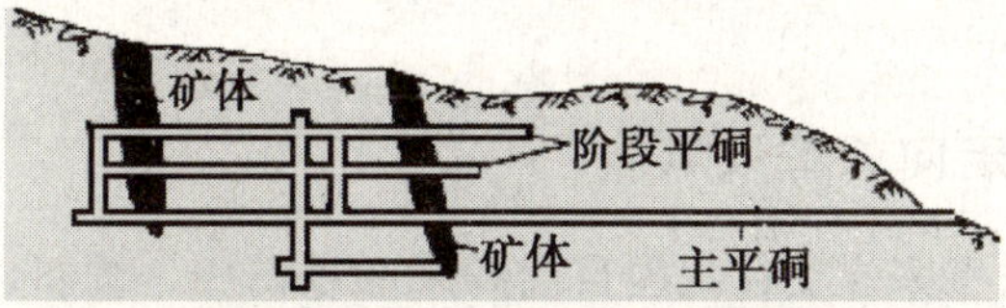

图 2－3 平硐开拓示意图

采用平硐开拓时，平硐标高以上必须有足够储量的煤可以建井，有能够满足布置平硐口和工业广场的地形条件，有修筑公路、铁路及与外界联系的条件。

四、综合开拓

在某些条件下，采用单一的主副井井筒形式开拓井田在技术上有困难或经济上不合理时，将采用不同的井筒形式开拓井田，称为综合开拓。综合开拓方式，根据主副井筒不同形式有斜井—立井开拓、平硐—立井开拓、平硐—斜井开拓等多种。

第二节　常见采煤方法

采煤方法种类很多，目前世界主要产煤国家使用的采煤方法，主要分为壁式和柱式两大类。壁式采煤法的特点是煤壁较长，工作面的两端巷道分别作为入风和回风、运煤和运料用，采出的煤炭平行于煤壁方向运出工作面；柱式采煤法的特点是煤壁短，呈方柱形，同时开采的工作面数较多，采出的煤炭垂直于工作面方向运出。柱式采煤法又包括：房柱式采煤法，即沿巷道每隔一定距离先采煤房直至边界，再后退采出煤房之间煤柱的采煤方法；房式采煤法，即沿巷道每隔一定距离开采煤房，在煤房之间保留煤柱以支撑顶板的采煤方法。

我国当前常用的采煤方法主要有：单一走向长壁采煤法、倾斜分层走向长壁下行垮落采煤法、倾斜分层长壁采煤法、放顶煤采煤矿法、急斜煤层采煤法、柱式体系采煤法。其中，急斜煤层采煤法又包括：急斜煤层走向长壁采煤法、伪倾斜柔性掩护支架采煤法、水平分层及斜切分层采煤法、水平分段放顶煤采煤法和仓储采煤法。

一、单一走向长壁采煤法

单一走向长壁采煤法在我国目前开采的煤田中，缓斜、倾斜及中厚煤层占有相当大的比重，其采煤系统比较简单。随着采煤机械化的发展，目前我国对缓斜长壁 3.5 ~5.0 米的中厚煤层实行大采高一次采全厚的单一长壁采煤法。走向长壁采煤法属于壁式体系，整层开采，沿走向推进，采空区处理采用垮落法，走向长壁采煤工作面有炮采、普采和综采三种采煤工艺。

二、倾斜分层走向长壁下行垮落采煤法

倾斜分层走向长壁下行垮落采煤法属于壁式体系，分层开采，沿走向推进，采空区处理采用垮落法，采煤工艺有综、普、炮采。目前，倾斜分

层采煤法在我国应用非常广泛，倾斜分层的各分层，可采用类似于开采缓倾斜、倾斜薄及中厚煤层时所采用的采煤工艺进行回采。

倾斜分层下行垮落采煤法能有效解决缓倾斜及倾斜厚煤层开采时的顶板支护和采空区处理问题，有利于在此类煤层条件下实现安全生产，提高资源采出率及获取较好的采煤工作面技术经济指标。适用于煤层顶板不是十分坚硬易于垮落、直接顶具有一定厚度的倾斜及缓倾斜厚煤层。主要缺点是铺设假顶工作量大，巷道维护较困难，组织管理工作较复杂，在开采易自燃煤层时，自燃问题比较严重，需采取特殊措施。

三、倾斜分层长壁采煤法

倾斜分层长壁采煤法采用壁式体系，分层开采，沿倾斜方向推进，采空区处理采用垮落法，采煤工艺有综、普、炮采，适应缓斜、倾斜厚及特厚煤层开采。

1. 倾斜分层长壁采煤法的优点

（1）巷道布置简单，巷道掘进和维护费用低、投产快。

（2）运输系统简单，设备少，运输费用低。

（3）可使工作面长度保持等长，减少因工作面长度变化给生产带来的不利影响，对综采机械化采煤非常有利。也便于布置对拉工作面，有利于普采工作集中生产。

（4）通风线路短，风流方向转折变化少，同时使巷道交叉点和风桥等通风构筑物也相应减少。

（5）对某些地质条件的适应性较强。

（6）技术经济指标比较显著。

2. 倾斜分层长壁采煤法的不足

倾斜长壁采煤法存在的问题主要有：

（1）长距离的倾斜巷道，使掘进及辅助运输、行人比较困难。

（2）现有设备都是按走向长壁工作面的回采条件设计和制造的，不能完全适应倾斜长壁工作面生产的要求。

（3）大巷装车点多，特别是当工作面单产低，回采工作面个数较多时，这一问题更加突出。

（4）存在污风下行的问题。

3. 倾斜分层长壁采煤法的适用条件

（1）按目前的设备条件，主要适用倾角在12°以下的煤层应用重点。

（2）当对采煤工作面设备采取有效措施后，可应用于12°～17°的煤层，当煤层倾角在20°左右时，现只有少数矿井应用。

（3）对于倾斜和斜交断层较多的区域，能大致划分成为规则分带的情况下可采用倾斜长壁采煤法或伪斜长壁采煤法。

四、放顶煤采煤法

放顶煤采煤法实质就是在厚煤层中，煤层（或分段）底部布置一个采高2～3米的长壁工作面，用常规方法回采，利用矿山压力的作用或以辅助人工松动的方法，使支架上方的顶煤破碎散体后由支架上方或后方放出，并由刮板输送机运出工作面。该采煤法属于壁式体系，整层与分层开采相结合，以整层为主。沿走向或倾斜方向推进，采空区处理采用垮落法，采煤工艺以综采为主、兼有普采和炮采。

1. 放顶煤采煤法的优点

（1）单产高，工作面内具有多个出煤点，而且在工作面内可实行分段平行作业。

（2）效率高，放顶煤工作面一次采出的厚度大，放煤工艺劳动量小及出煤点多等原因，其生产效率和经济效益大幅度提高，目前许多综放工作面的效率达到100吨/天以上。

（3）成本低，放顶煤采煤法比分层开采减少了数目和铺网工序，由此节约了铺网费用。其他材料、电力消耗、工资费用等也都相应减少。

（4）巷道掘进量少，巷道维护费用减少，便于采掘接替。

（5）减少了搬家倒面次数，节省了采煤工作面的布置和搬迁费用。

（6）对煤层厚度变化及地质构造的适应性强。

2. 放顶煤采煤法存在的不足

（1）煤损多，放顶煤采煤法比开采采出率低10%左右。

（2）易发火，由于煤损多，在回采期间可能发生煤炭自燃。

（3）煤尘大，在放顶煤工作面，采煤机割、支架间漏煤及放煤均为粉尘的来源。

（4）瓦斯易于积聚，放顶煤开采的产量集中，瓦斯散发面大，采空区高度大，易于积聚。特别是在高瓦斯矿井，瓦斯渗出量会更大，顶板冒落时，使采空区的瓦斯涌入工作面，易超限。

3. 放顶煤采煤法的适用条件

（1）煤层厚度：6～10米最佳，顶煤厚度小易于发生超前冒顶，增大含矸率；煤层厚度过大，会降低采出率。

（2）煤层硬度：顶煤破碎主要依靠顶板岩层的压力，其次是支架的反复支撑作用，因此煤层硬度小时更易于开采。

（3）煤层倾角：缓斜煤层采用放顶煤开采时，煤层倾角不宜过大，否则支架的倒滑问题会给开采造成困难。

（4）煤层结构：煤层中含有坚硬的夹矸石会影响顶煤的放落，直接顶应具有随顶煤下落的特性，其冒落高度不宜小于1～1.2倍，老顶悬顶面积不宜过大。

（5）地质构造：构造复杂、断层较多和使用分层长壁综采的地段、上下山煤柱等，使用放顶煤开采比使用其他方法以取得较好的效益。

（6）自燃发火：对于自燃发火期短、瓦斯量大，以及水开放地区等地质条件复杂的煤层，要先期调查清楚，并有相应的措施才能采用放顶煤采煤法开采。

五、急斜煤层采煤法

急斜煤层采煤法可分为急斜煤层走向长壁采煤法、伪倾斜柔性掩护支架采煤法、水平分层及斜切分层采煤法、水平分段放顶煤采煤法和仓储采煤法。急斜煤层采煤法有以下特点：

（1）采煤工作面采下的煤块能自动下滑，从而简化了工作面的运输工作，但下滑的煤块和矸石容易冲倒支架，砸伤人员，会给生产带来不安全因素。

（2）急斜煤层顶板压力垂直作用于支架或煤柱上的分力比缓斜煤层要小，而沿倾斜作用的分力要大，煤层顶底板都有可能沿倾向滑动，支架稳定性差，因而增加了回采和支护工作的复杂性。

（3）采煤工作面的行人、运料、支护、采空区处理等各项工序的操作都比较困难，增加了机械化采煤的难度。

（4）以溜煤眼代替缓倾斜煤层中的运煤上山，而以运料眼代替轨道上山，为了安全，应分段设行人眼，出矸还需另设溜矸眼。

（5）急斜煤层都经历强烈的地质变动，地质构造复杂，围岩条件差，再加上采煤工作面推进速度慢，采出率低。

六、柱式体系采煤法

柱式体系采煤法是在煤层内开掘一系列宽为5~7米的煤房，煤房间用联络巷相连，形成近似于长条形或块状的煤柱的方法采煤。煤柱宽度由数米至二十多米不等。采煤在煤房中进行，煤柱可根据条件留下不采，或在煤房采完后，再将煤柱按要求尽量采出。不采煤柱的称为房式采煤法。

1. 柱式采煤法的优点

（1）设备投资少。

（2）采掘可实现合一，建设期短，出煤快。

（3）设备运转灵活，搬迁快。

（4）巷道压力小，便于维护，支护简单，矸石量少，利于环境保护。

（5）当地面要保护农田水利设施和建筑物时，采用柱式采煤法可使总的吨煤成本降低。

（6）全员效率高，特别是中小型矿井更为明显。

2. 柱式采煤法存在的不足

（1）采区采出率低，一般为50%~60%，回收煤柱时可提高到70%~75%。

（2）通风条件差，进风并列布置，通风构筑物多，漏风大，采房及回收煤柱时，会出现多头串联通风。

3. 柱式采煤法的适用条件

（1）开采深度一般不宜超过300~500米。

（2）顶板较稳定的薄及中厚煤层。

（3）倾角在10°以下，最好为近水平煤层，煤层储存稳定，超伏变化小，地质构造简单。

（4）底板较平整且不太软，顶板无淋水。

（5）低瓦斯煤层，且不易发火。

第三节　矿井生产系统

煤矿企业有很多生产系统，主要包括煤矿掘进系统、采煤系统、运输提升系统、通风系统、供电系统、供排水系统及其他系统等。每个生产系统在运行的可靠性方面要求都极为严格，只有各个生产系统正常运行，才能保证煤矿井下安全生产。

一、煤矿掘进系统

在煤（岩）体中采用定向破岩手段将部分岩石破碎，形成掘进空间，接着对这个空间进行支护的工作叫巷道掘进，巷道掘进包括岩巷掘进和煤巷掘进两项工程。它是按设计要求、为准备回采工作面而开掘的一系列巷道，如采区上、下山，工作面上、下顺槽等。巷道掘进是采煤生产的开路先锋。掘进和回采是煤矿生产过程中的两个互相联系、互相促进的重要环节。掘进工作一定要走在采煤工作的前面，以保护正常的采掘关系。

巷道掘进主要工序有：钻眼、爆破、装岩和支护；辅助工序有：撬浮石、通风、铺轨、接长管线等。目前，巷道掘进仍以炮掘为主，炮掘是利用打眼爆破的方式将岩石破碎下来的掘进方法。但近几年，国外综合机械化掘进技术发展很快，如采用掘进机落煤、单轨吊运料、转载机装煤、胶带输送机运煤等，我国有些矿井也开始推广应用这些新技术。

（一）凿岩

凿岩工作是平巷掘进中第一道工序，凿岩通常用气腿式凿岩机，也可以采用凿岩台车作业。炮眼直径为 38～46 毫米，深度为 1.2～2.5 米，炮孔为 20～40 个。

（二）装药爆破

装药爆破是平巷掘进中第二道工序，炸药一般采用硝铵类炸药、导火线起爆法，每个炮孔的装药深度是眼深的2/5~2/3，掏槽眼要比其他炮眼多15%~20%。为了减少巷道表面凹凸不平的现象的发生，减少对围岩过多的破坏，减少支护费用，达到光滑的要求，现场多采用光面爆破，即密集布置周边眼，减少周边眼的装药量，严格控制边眼的起爆。

（三）通风

通风工作在爆破后必须及时进行，以便能迅速排除工作面的有害气体及粉尘，一般通风时间为20分钟左右，采用轴流式局扇完成（如图2-4所示）。

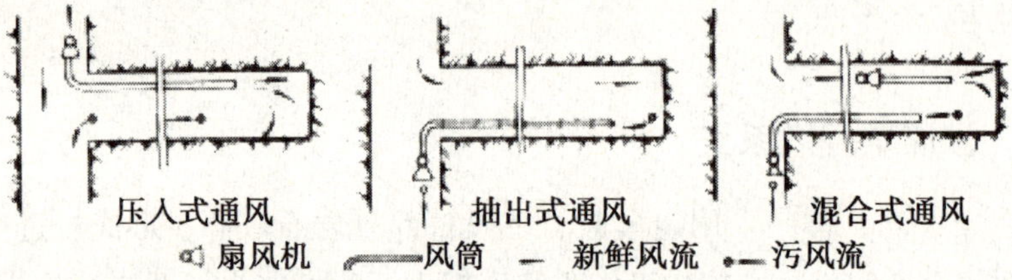

图2-4　局部通风方式示意图

（四）装岩

通风工作结束后立刻要进行装岩工作，装岩工作占掘进循环35%~50%的时间，因此显得非常重要，而在这个工序中机械显得尤为重要。目前广泛使用的装岩机械有：铲斗后卸式装岩机、耙斗式装岩机、扒抓式连续装岩机。使用较多的是第一种，这种装岩机有气动和电动两种（其工作原理如图2-5所示）。

图2-5　铲斗装岩机装岩示意图

1-铲斗铲取岩石；2-铲斗倒卸岩石

另外，现在有的矿山在平巷机械化作业中，也有用梭式矿车的，这种矿车是一种底部有运输机的大容积矿车，通过运输机的移动使矿车逐步装满（如图 2－6 所示）。

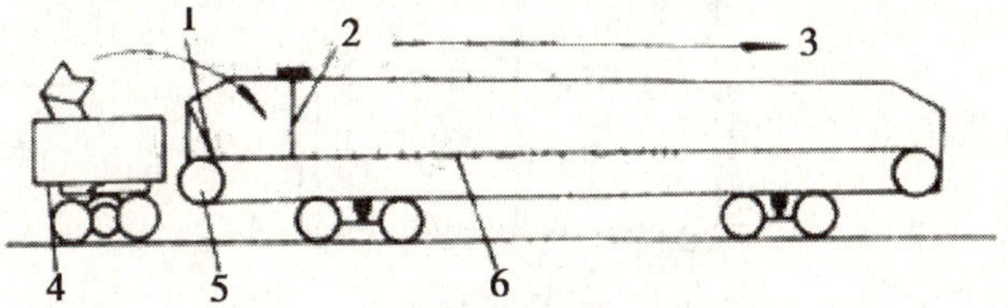

图 2－6　梭式矿车工作示意图

1－活动人字形板；2－随运输机运的装载板；3－矿岩移动方向；

4－装岩机；5－转动链轮；6－链板运输机

当一次爆破量较大时，也可用梭式矿车组来装载矿岩。

（五）支护

装岩工作结束后，应进行巷道支护。支护是指在巷道内采取措施以使巷道稳定，保证正常生产需要。

平巷支护分临时支架和永久支架。永久支架主要有：木材支架、混凝土支架、石材支架、锚杆和喷射混凝土支架；临时支架比较简单。

1. 木支护

木支护在井下使用得最早也最广泛。它具有重量轻，加工方便，运输、架设容易以及具有一定强度的优点，但有易腐、易燃、使用年限短的缺点。木支护主要是梯形架子，分普通型、完全型和加强型三种。

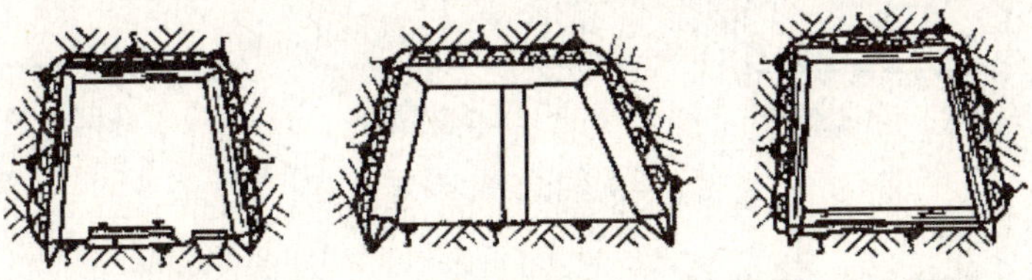

（a）普通型　（b）加强型　（c）完全型

图 2－7　木支架梯形棚子示意图

2. 砌碹支护

原意是指利用砖石砌起来的巷道二次永久支护，把混凝土衬砌也叫砌碹。目前统指煤矿巷道内的二次永久支护（砖石衬砌，混凝土衬砌等）

（如图 2 –8 所示）。

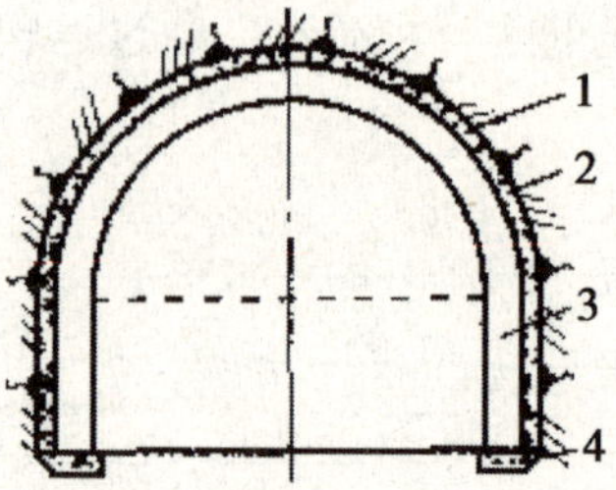

图 2 –8　石料拱形支架示意图

1—拱；2—充填带；3—墙；4—基础

3. 锚杆支护

锚杆支护目前是我国国有煤矿采用最多的支护形式，有支护成本低廉、效果良好优点。

目前在我国煤矿井下使用的锚杆有木锚杆、竹锚杆、废钢丝绳锚杆、金属管缝式锚杆、钢筋锚杆和玻璃钢锚杆。各种锚杆的锚定方式不同，但支护原理及效果基本一致。锚杆支护的配套形式有锚喷支护、锚网支护、锚网喷支护、锚梁支护、锚杆钢带支护等。这些配合形式的应用更加拓宽了锚杆支护的使用范围（如图 2 –9 所示）。

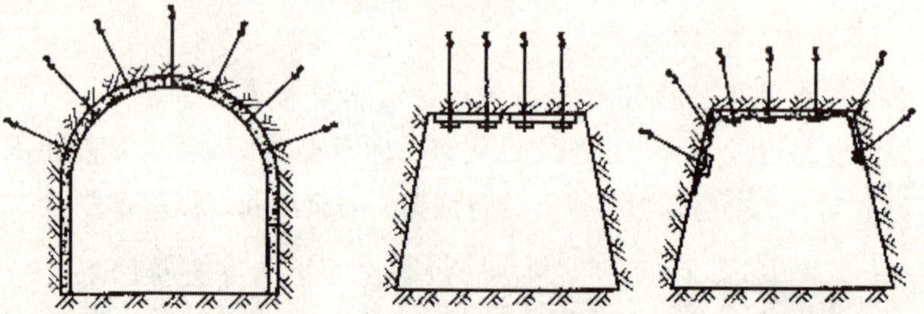

（a）锚喷支护　（b）锚梁支护　（c）锚网支护

图 2 –9　锚杆支护示意图

二、煤矿采煤工艺系统

采煤系统一般有传统工艺的炮采回采方式和综合机械化采煤两种方式，但近年又增加了刨煤回采工艺方式。还有一些特殊情况会采用水采回采的方式。

（一）爆破采煤工艺

爆破采煤工艺，又称炮采，是指在长壁工作面用爆破方法破煤和装煤、人工装煤、输送机运煤和单体支柱支护的采煤工艺。其工艺过程包括：爆破落煤及装煤、人工装煤、刮板输送机运煤、人工挂梁支柱、移置输送机、人工回柱放顶等。

1. 爆破落煤

爆破落煤由打眼、装药、填炮泥、连炮线及放炮线及主炮等工序组成。

（1）炮眼布置：常用的炮眼布置有以下3种：

①排眼：就是沿工作面只打一排炮眼，一般用于薄煤层或煤质软、节理发育的煤层。

②双排眼：就是沿工作面布置两排炮眼，两排炮眼的具体布量方式有对眼、三花眼及三角眼等，一般适用于采高较小的中厚煤层。如果煤质中硬时可采用对眼，比较松时就采用三花眼。

③三排眼：也称五花眼，用于采高较大的中厚煤层或煤质坚硬煤层。

为了满足爆破装煤及爆破进度的需要，除了对炮眼排数有以上要求，对炮眼的深度和炮眼的角度还有以下的要求。

炮眼的深度，取决于工作面一次的推进度、顶板岩性和煤的硬度等，一般为1.0～1.2米，最大可达2.0米。工作面炮眼的深度要保持一致，以免影响炮眼的利用率、爆破效果和煤壁的平直。炮眼的角度应满足的要求是：

①炮眼与煤壁的水平夹角一般为50°～80°，煤软时取大值，最大可取90°，煤硬时取小值。为了防止崩倒支架，应使水平方向的最小抵抗线朝向两柱之间。

②当煤层较硬、黏顶性强时，上排炮眼要有一定的仰角，在垂直面上向顶板方向仰起5°～10°。

③为了不留底煤，又不崩翻刮板输送机，下排眼要有一定的俯角，在垂直面上向底板方向保持10°～20°。

（2）装药、连线与爆破：炮眼的装药量要根据顶板岩性、煤层软硬程度、炮眼深度及位置，结合生产经验和相似条件来确定。一般底眼的装药量要多些，约为150~600克。顶眼与腰眼可适当减量，以节省炸药消耗和增加块煤率。药装好后，要按《煤矿安全规程》要求封堵炮泥。

炮采工作面炮眼的连线方式，一般采用串联。爆破时采取先顶眼后底眼、先底眼后顶眼及顶、底眼同时起爆三种顺序。第一种爆破顺序在爆破装煤工作面，应用较多。

采煤工作面每次起爆的炮眼数目，应综合考虑顶板稳定性、输送机的启动及运输能力、工作面安全情况而定。条件好时，可同时起爆数十个眼。如果条件差、顶板不稳定，每次只能起爆几个眼，甚至采用留煤垛间隔爆破的办法。同时起爆的炮眼数，既不要超过顶板最大允许暴露面积，又要考虑输送机的最大运输能力，防止发生输送机压机或断链事故。

2. 装煤与运煤

（1）爆破装煤。炮采工作面采用单体液压支柱及铰接顶梁所构成的单体支架支护工作面，在单体支架的掩护下，可以把输送机推移到贴近煤壁，利用放炮时的爆破力，将煤炭自动抛入刮板输送机内，称为爆破装煤，爆破装煤率一般可达31%~37%。

（2）人工装煤。炮采工作面爆破后装不到输送机上的煤主要有：煤壁与输送机之间散落的煤，崩落或撒落到输送机采空侧的煤。炮采工作面的这部分煤要由人工装到刮板输送机上。人工装煤劳动强度大，效率低，是炮采工艺的缺点之一。炮采工作面的运煤由刮板输送机来完成。

3. 工作面支护

我国正规炮采工作面都采用单体液压支柱和铰接顶梁支护。支架的布置形式主要有正悬臂齐架直线柱和正悬臂错梁三角柱两种。后者现在用得较少。

4. 采空区处理

随着采煤工作面不断向前推进，顶板悬露面积会越来越大，为了工作面的安全及正常生产，需要对采空区进行及时处理。根据顶板特征、煤层厚度及保护地表的特殊要求等条件，有多种处理方法，最常用的是全部垮落法。

全部垮落法适用于直接顶易于垮落或中等稳定顶板。具体做法是：当工作面从开切眼推进一定距离后，主动撤除采煤工作空间以外的支架，使直接顶自然垮落。以后当工作空间达到最大控顶距时，就及时回柱放顶，使工作空间只保留回采工作所需要的最小控顶距。与普通机械化采煤一样，最小控顶距时应有三排支柱，以保证有足够的采煤工作空间，最大控顶距时，一般不宜超过五排支柱。通常推进1或2次放一次顶，即三排、四排或三排、五排管理顶板。一次放顶的宽度就是放顶步距，等于最大控顶距与最小控顶距的差。

因为炮采工作面的回柱放顶工作由人工操作，危险性较大，所以在操作时应该严格遵照《煤矿安全规程》的要求执行。

采煤工作面必须及时回柱放顶或充填，控顶距离超过作业规程规定时，禁止采煤。用垮落法控制顶板，回柱后顶板不垮落、悬顶距离超过作业规程的规定时，必须停止采煤，采取人工强制放顶或其他措施进行处理。

用垮落法控制顶板时，回柱放顶的方法和安全措施，放顶与爆破、机械落煤等工序平行作业的安全距离，放顶区内支架、木柱、木垛的回收方法，必须在作业规程中明确规定。

采煤工作面初次放顶及收尾时，必须制定安全措施。

（二）普通机械化采煤工艺

普通机械化采煤工艺，简称普采，是指用机械方法破煤和装煤、输送机运煤和单体支柱支护的采煤工艺。其中，使用单体液压支柱进行支护的称为高档普采。普采工作面技术装备主要有滚筒式采煤机或刨煤机、可弯曲刮板输送机和与其配套的推移千斤顶、单体金属支柱与铰接顶梁及乳化液泵站等（如图2－10所示）。

普采工作面的生产工艺过程主要由割煤、运煤、挂梁、推移刮板输送机、打柱以及回柱放顶等工序组成。

1. 割煤

普采工作面的生产是以采煤机为中心，采煤机割煤，其他工序合理配合。采用滚筒采煤机割煤时，采煤机一般是骑在输送机上，以输送机两侧做导轨上下往复运行，割下的煤，靠螺旋滚筒及弧形挡煤板装入输送机中，使落煤、装煤、运煤三道工序实现连续作业。

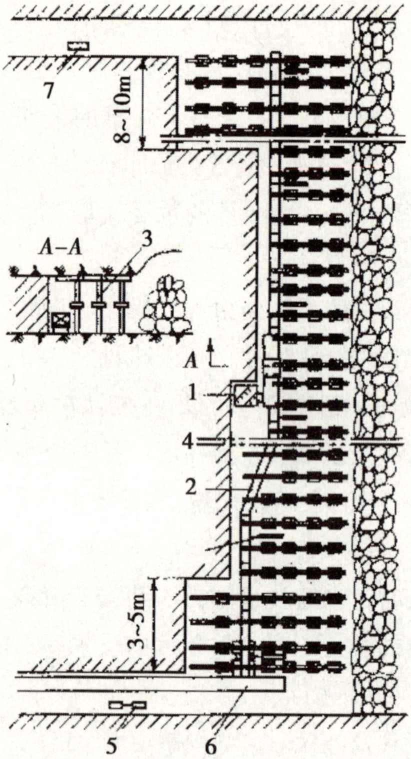

图 2－10　普采工作面设备布置

1—单滚筒采煤机；2—可弯曲刮板输送机；3—单体液压支柱；4—移动千斤顶；5—乳化液泵站；6—运输平巷输送机；7—回柱绞车

2. 支护

（1）支护设备。普采工作面常使用单体液压支柱与金属铰接顶梁支护顶板。单体液压支柱分内注式和外注式两种。单体液压支柱的初撑力大，因此，使用非常广泛。

（2）支架布置方式。采煤机割煤过后，跟随采煤机将工作面支架上的铰接顶梁向工作面煤壁方向延接，以对割煤后新暴露的顶板进行临时支护。

除少数顶板完整的普采工作面可使用带帽点柱外，一般均采用由单体液压支柱与铰接顶梁组成的悬臂支架。这样可实现追机挂梁，及时支护新暴露的顶板。按悬臂顶梁与支柱的关系，可分为正悬臂与倒悬臂两种（如图 2－11 所示）。正悬臂支架悬臂的长段在立柱的煤壁侧，有利于支护机道上方顶板；短段在立柱的采空区侧，故顶梁不易被折损。倒悬臂支架则相反，其长段伸向采空区，立柱不易被碎矸石埋住，但易损坏顶梁。

（a）正悬臂布置　　（b）倒悬臂布置

图 2－11　单体支架正悬臂和倒悬臂布置

普采工作面支架布置，按梁的排列特点分为齐梁式和错梁式两种。齐梁式适用于顶板比较稳定的工作面条件；错梁式适用于顶板比较破碎的条件。为了行人和工人作业方便，工作面支柱一般排成直线状。因此，目前普采工作面支架布置方式主要有齐梁直线柱和错梁直线柱两种（如图 2－12 所示）。

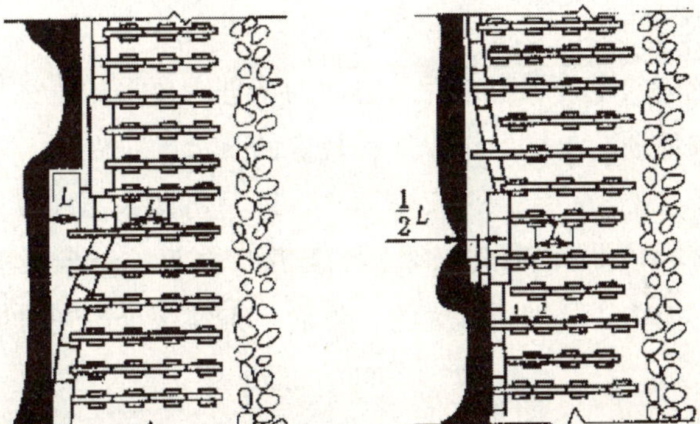

（a）齐梁直线柱　　（b）错梁直线柱

图 2－12　支架齐梁式和错梁式布置

1—临时柱；2—正式柱

普采工作面采空区处理时选择和使用的特种支架有丛柱、密集支柱、木垛、斜撑支架及切顶墩柱等形式。

（3）普采工作面端头支护。端头支护应满足以下要求：

①要有足够的支护强度，保证工作面端部出口的安全。

②支架跨度要大，不影响输送机机头、机尾的正常运转，并要为维护

和操纵设备的人员留出足够的活动空间。

③要能够保证机头、机尾的快速移置，缩短端头作业时间，提高开机率。

端头支护主要有：单体支柱加铰接顶梁支护（为了在跨度大处固定顶梁铰接点，可采用双钩双楔梁，或将普通铰接顶梁反用，使楔钩朝上）；用4~5对长梁加单体支柱组成的迈步走向抬棚支护；用基本支架加走向迈步抬棚支护。

除机头、机尾处外，在工作面端部原平巷内可用顺向托梁加单体支柱或十字铰接顶梁加单体支柱支护。

3. 推移工作面刮板输送机

采煤机割煤后，在距采煤机约12~15米处，操作与刮板输送机配套的专用推移千斤顶向煤壁方向推移刮板输送机，推移步距与采煤机截深相一致，并使输送机平、直且符合要求。

4. 采空区处理

目前，走向长壁普采工作面采空区的处理主要采用全部垮落法。即当工作面支架的控顶距离达到作业规程规定的最大控顶距时，将靠近采空区的一排或两排支架撤掉，让顶板垮落，这就是所谓的回柱放顶。在多数情况下，采空区的垮落矸石能起到支撑上方基本顶、缓和基本顶来压的作用。采用全部充填法处理采空区的工作面，采空区处理通过回柱充填工序完成。

（三）综合机械化采煤工艺

综合机械化采煤工艺，简称综采，是指用机械方法破煤和装煤，输送机运煤和液压支架支护的采煤工艺。综采工艺的特点是落煤、装煤、运输、支护、采空区处理等主要工序全部实现机械化。综采和普采最大的区别是综采使用了自移式支架支护顶板，解决了支护与回柱放顶人工操作的难题，实现了支护与采空区处理的机械化。综采的优点是劳动强度低、产量高、效率高、安全条件好。

1. 综采工作面设备与区段巷道布置

综采工作面设备主要包括滚筒采煤机（或刨煤机）、液压支架、可弯曲刮板输送机、桥式转载机、可伸缩带式输送机、乳化液泵站、供电设备、集中控制设备、单轨吊车以及其他辅助设备等。综采工作面设备的配套问题很关键，尤其应使采煤机、输送机和液压支架这三大设备（简称“三机”）均符合工作面的条件，并在生产能力、设备强度、空间尺寸等方面配套（如图2－13所示）。

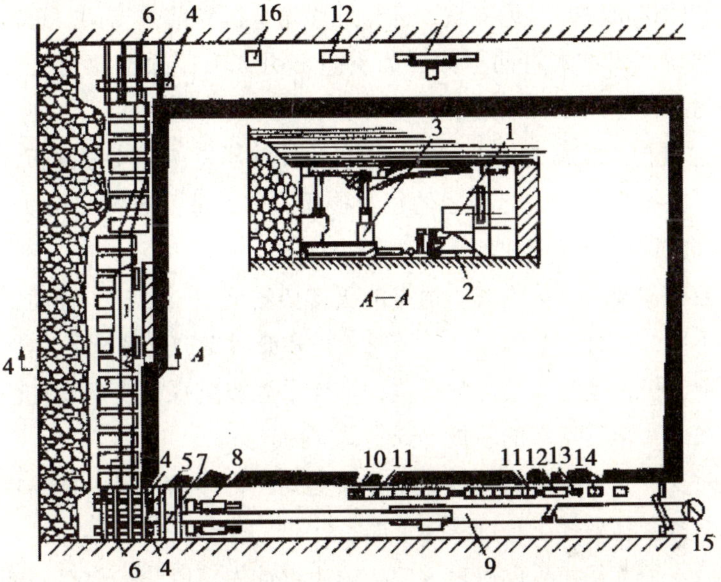

图2－13　滚筒式采煤机综采工作面布置图

1—采煤机；2—可弯曲刮板输送机；3—工作面支架；4—端头支架；5—锚固支架；6—巷道棚梁；7—转载机；8—转载机推进装置；9—带式输送机；10—集中控制台；11—配电点；泵站；12—配电点及泵站的移动装置；13—移动变电站；14—煤仓；15—安全绞车；16—单轨运输吊车

2. 综采工作面设备与区段巷道布置

综采工作面各种设备在采煤工作面中，按一定的生产工艺流程协调地进行工作，发挥着各自的作用。

（1）落煤与装煤。综采落煤与装煤工作与机采相似，但在采煤机工作方式上有所区别。综采一般主要采用双向割煤、往返一次进两刀的割煤方式和斜切式进刀方式。

（2）运煤。采煤机采落的煤由工作面重型可弯曲刮板输送机运到工作面的下端，转载到工作面下端所铺设的桥式转载机上，经运输平巷中所铺设的可伸缩带式输送机，运到采区运输上山（下山）中的带式输送机上，然后运往采区煤仓。随着工作面的向前推进，转载机和可伸缩带式输送机也不断交替推移前进。

（3）输送机和支架的移动。支架型式不同，则移架和推移输送机的方式也不同。整体式支架，移架和推移输送机共用一个液压千斤顶，连接支架底座和输送机槽，互为支点，进行推移输送机和前拉支架。迈步式自移支架的移动，依靠本身两框架互为支点，用一千斤顶推拉两框架分别前移，用另一千斤顶推移输送机。

（4）支护。综采工作面主要采用自移式液压支架来支撑顶板，维护工作空间。根据液压支架与围岩的相互作用方式，液压支架可分为支撑式、掩护式和支撑掩护式三种基本类型。

①液压支架的支护方式。根据液压支架的型式、结构、移动方式和支护条件不同，可分为超前支护、及时支护和滞后支护三种。

超前支护，是指煤壁片帮严重，不等采煤机割煤，支架就提前向前推移，使煤壁片帮后暴露的顶板得到提前支护。

及时支护，是指采煤机割煤后先移支架，再移输送机，推移步距等于采煤机截深，其采煤工艺过程为采煤、移架、推溜。

滞后支护，是指采煤机割煤后，输送机首先逐段移向煤壁，随后前移液压支架，两者移动步距相同，其采煤工艺过程为采煤、推溜、移架。

②液压支架的移步（架）方式。综采工作面液压支架的移步方式主要有三种（如图 2－14 所示）。

单架依次顺序式是支架沿采煤机的割煤方向依次前移，移动步距等于采煤机的截深。其优点是操作简单，容易保证支护质量；缺点是移架速度慢，工时长。它适用于不稳定顶板，应用范围广。

分组间隔交错式的支架移步方式是每组 2～3 架，组内按顺序前移，组间平行作业。其优点是移架速度快，能满足采煤机快速采煤的要求；缺点是支护质量差。它适用于较稳定的顶板。

成组整体依次顺序式的支架移步方式是每组 2～3 架，组内联动，组间按顺序前移。其优点是移架速度快；缺点是支护质量较差。它适用于地质条件好、顶板稳定的煤层，我国应用较少。

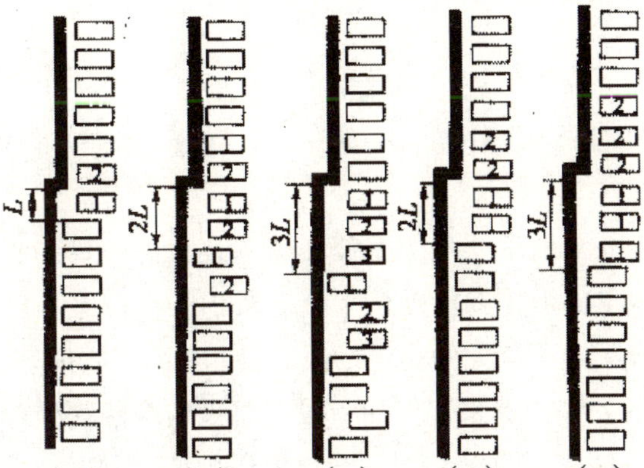

图 2-14　液压支架的移架方式

(a) 单架依次顺序式；(b)、(c) 分组间隔交错式；

(d)、(e) 成组整体依次顺序方式；(*L*) 支架安全间距

液压支架在工作面的移步方式通常归纳为顺序移步和交错移步两种。顺序移步包括单架依次顺序式、成组整体依次顺序式移步方式；交错移步即指分组间隔交错式移步方式。

③液压支架的支护速度与移架步距。通常把沿工作面长度方向上推移支架的速度称为液压支架的支护速度。就及时有效地控制顶板而言，支护速度越快对安全越有利。

液压支架的移架步距应该和采煤机截深及输送机的推移步距一致。当煤壁留有探头煤或因采煤机飘刀而留有底煤时，往往会使输送机和支架移不够规定的步距，会使煤壁前的空顶距离加大，这时就可能造成顶板破碎、掉矸，甚至局部冒顶事故。因此，在生产中要采取适当措施，以防止上述现象的发生。

④综采工作面端头支护。工作面的上、下出口处悬顶面积大，机械设备多，又是材料和人员出入的交通口，所以必须加强维护。由于各个综采工作面端头的实际情况差别很大，所以必须针对具体条件采取不同的支护方式。综采工作面端头支护方式主要有以下三种：

一是端头支架支护。这类支架的特点是加长顶梁，加长底座可将转载机机尾置于支架底座上。一般多用于综采工作面上端头紧挨机巷上帮，与排头支架侧护板紧贴。该支护方式移动速度快，但对平老巷条件适应

性差。

二是普通液压支架支护。此类支护多用于工作面的上、下端头。适用于煤层倾角较小的综采工作面，通常在机头（尾）处要滞后于工作面中间支架1个截深。

三是采用内注液式单体液压支柱支护。其支护形式主要有组合大抬棚支护、内注液式单体液压支柱配合十字铰接顶梁支护等。该支护方式适应性强，有利于排头液压支架的稳定，但支设麻烦费工费时。

（5）采空区处理。综采工作面一般主要采用垮落法处理采空区。因液压支架具有切顶性能强（支撑式）、掩护作用好（掩护式）、种类多等特点，所以一般不采用局部充填和煤柱支撑法。对极坚硬顶板可采取高压注水软化顶板、爆破强制放顶等方法进行处理。

（四）综合机械化放顶煤采煤工艺

综合机械化放顶煤工艺简称“综放”，是对厚煤层用综采设备进行整层开采的采煤工艺，放顶煤采煤法可对特厚煤层（煤层厚度一般为6~12米）进行整层开采。放顶煤采煤是在煤层底部或煤层某一厚度范围内的底部布置一个采高为2~3米的长壁工作面，用常规采煤方法进行采煤，并利用矿山压力作用或辅以松动爆破等方法，将上部顶煤在工作面推进后破碎冒落，并将冒落顶煤利用放顶煤支架予以回收，由工作面后部刮板输送机运出。

1. 放顶煤采煤方法的分类

按照煤层赋存条件及相应的采煤工艺，放顶煤采煤法分为三种方法。

（1）一次采全厚放顶煤。沿煤层底板布置综采放顶煤长壁工作面，一次采放出全部厚度煤层［如图2－15（a）所示］。

（2）预采顶分层网下放顶煤。将煤层划分为两个分层，沿煤层顶板下先布置一个2~3米的顶分层综采放顶煤长壁工作面。顶分层工作面采煤铺网后，再沿煤层底板布置一个与顶分层同样的综采放顶煤工作面，进行常规采煤并将两个工作面之间的顶煤放出［如图2－15（b）所示］。一般适用于厚度大于12~14米，直接顶坚硬或煤层瓦斯含量高，需预先抽放瓦斯的缓斜煤层。

（3）倾斜分层放顶煤。煤层厚度在12~14米以上，将煤层沿倾斜分为两个以上厚度在 6 ~8 米以上的倾斜分层，依次放顶煤开采［如图 2 –15（c）所示］。

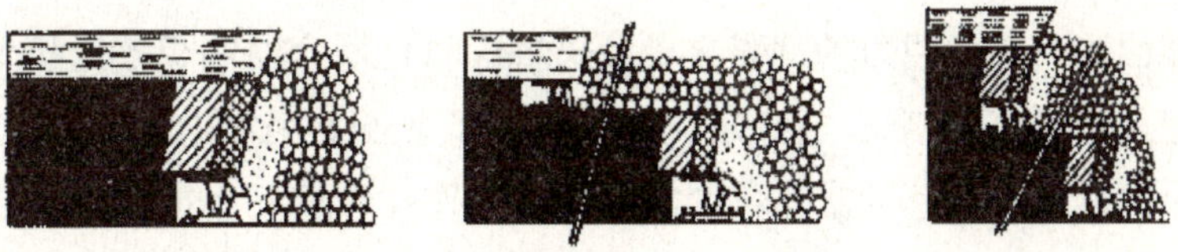

（a）　　（b）　　（c）

图 2 –15　放顶煤开采工艺类型

（a）一次采全厚放顶煤；（b）预采顶分层网下放顶煤；

（c）倾斜分层放顶煤

2. 适用条件

综采放顶煤开采，一般应符合下列条件：

①煤层倾角小于 15°，或近水平。

②煤质较松软，层节理发育顶煤易于破碎冒落。中间没有不易破碎的夹石层及硬煤层（f <3.0）。

③直接顶较厚，且能随采随冒，自然发火期在 3 个月以上，无瓦斯突出等。

《煤矿安全规程》规定：（放顶煤）工作面严禁采用木支柱、金属摩擦支柱支护方式。有下列情形之一的，严禁采用单体液压支柱放顶煤开采：

①倾角大于 30°的煤层（急倾斜特厚煤层水平分层放顶煤除外）。

②冲击地压煤层。

有下列情形之一的，严禁采用放顶煤开采：

①煤层平均厚度小于 4 米的。

②采放比大于 1∶3 的。

③采区或工作面回采率达不到矿井设计规范规定的。

④煤层有煤（岩）和瓦斯（二氧化碳）突出危险的。

⑤坚硬顶板、坚硬顶煤不易冒落，且采取措施后冒放性仍然较差，顶板垮落充填采空区的高度不大于采放煤高度的。

⑥矿井水文地质条件复杂，采放后有可能与地表水、老窑积水和强含水层导通的。

3. 采煤工艺

（1）工作面采煤。一般采用工作面端部斜切进刀的进刀方式，采用双向割煤往返一次进两刀的割煤方式，采煤机骑在可弯曲刮板输送机上沿工作面全长往复穿梭割煤，距采煤机 12～15 米处推移输送机，完成一个综采循环。根据顶煤放落的难易程度，放顶煤工作在完成一个或几个综采循环以后，再由检修班或放顶班进行检修。

（2）放煤方式。工作面进行放煤操作的方式称为放煤方式。放煤方式分为顺序单轮放煤、顺序多轮放煤和间隔折返放顶煤。顺序单轮放煤的顺序是依次将上方顶煤一次全部放净，见矸时关闭放煤口。顺序多轮放煤的顺序是依次放各架顶煤，但不一次放净，而是每次只放顶煤全厚的 1/4、1/3 或 1/2，可在工作面全部放完一轮煤后再放下一轮，也可下一轮滞后第一轮一定距离同步进行。间隔折返放顶煤是指从工作面的一端开始，先从第一架开始（一般过渡支架及端头支架先不放煤），每间隔一架依次放煤，放完奇数架后，再依次放偶数架的顶煤。也可根据放煤情况及工作面的长度，实行单轮或多轮的间隔折返放顶煤方式，也可分段折返或多段同时折返放煤。

（3）放煤步距。放煤步距分为初次放煤步距和循环放煤步距。初次放煤步距指从工作面开切眼开始至第一次放煤的工作面推进距离；循环放煤步距指从上一次放煤结束后到下一次放煤开始工作面推进的距离。确定循环放煤步距的原则是使放出范围内的顶煤能够充分破碎和松散，提高放出率，降低含矸率。

4. 综采放顶煤的工艺特点

（1）适用于厚度 5 米以上、煤质较软、顶板易垮落的煤层。

（2）简化巷道布置，减少巷道掘进工作量。

（3）提高采煤工效、降低吨煤生产费用等。

（4）采出率较低、煤炭自然发火控制比较困难。

（五）急倾斜煤层的开采

急倾斜煤层是指煤层倾角大于 45°的煤层。急倾斜煤层采煤工艺同样由落煤、装煤、运煤、支护与采空区处理组成。但由于煤层倾角增大，各工序的操作方法与缓斜、倾斜煤层要求则不完全相同，急倾斜煤层开采的特点有：

急倾斜煤层开采工作面采下的煤能自动下滑，简化了工作面的装煤和运煤工作，但是，煤块自由下滑容易砸伤人，也易冲倒支架，还会引起煤尘飞扬，污染工作环境，影响工人身体健康。

急倾斜煤层开采工作面的顶板沿倾斜向下的分力较大，作用于支架上的垂直分力较小。从而使支柱的支承载负荷减小、顶板的垮落步距加大，使工作面的控顶距与放顶距增加，放顶次数减少；顶板岩石垮落后，能够自行下滑充实采空区，支撑上覆顶板岩层，故工作面压力减小，不会出现明显的周期来压。但顶底板都有可能沿倾斜方向向下垮落和下滑的危险，工作面支架不稳固，增加了工作面支护工作的难度。

急倾斜煤层开采工作面，由于倾角大，因而沿工作面行人、运料、回采等各项工作的操作条件都比较困难，必须采取有效措施。适用于缓倾斜煤层采煤工作面的采煤机械，一般不适用于急倾斜煤层。

开采急倾斜煤层，因受煤层赋存条件和开采技术的限制，采区的尺寸、生产能力和机械化程度都比缓倾斜煤层低。

急倾斜煤层采煤工作面落煤，一般是采用爆破法，也有采用风镐或机械等方法的。采用人工或爆破落煤的效率低、安全没有保障，资源回收率也较低。

总之，开采急倾斜煤层存在顶板管理难度大、机械化程度低、巷道系统复杂三个突出的问题。严重制约了急倾斜煤层开采时的产量、安全与经济效益。

急倾斜煤层常用的采煤法有倒台阶采煤法、水平分层采煤法和伪斜掩护支架采煤法等。

三、煤矿运输提升系统

煤矿的产品是煤炭，而煤炭要从几百米深的井下到地面必须经过一系列运输环节：井下要开掘巷道，掘出的矸石同样要运到地面矸石山，井下各种支护材料、采掘设备只有经过运输才能到达采掘工作面，人员的上下班等，这些都是依靠矿井的运输、提升系统来完成的，运输系统是煤矿的一个重要系统。

（一）矿井运输提升系统的组成

矿井运输系统是由采区运输、主大巷运输、提升运输（立井和斜井）和地面运输四大运输环节组成。

（1）矿井采区运输是指在矿井单水平或多水平采区中，从工作面到采区车场或是阶段运输大巷车场这一运输环节。

（2）矿井主巷运输是指矿井已开拓成主要运输的水平或倾斜巷道（包括阶段、石门、水平运输大巷）的运输，即采区车场到井底车场的这一段的运输环节。

（3）矿井提升运输是指立井和斜井开拓的矿井中，从井底车场到地面车场的运输环节。

（4）矿井地面运输是指在矿山地面工业广场内的运输工作（如图2－16所示）。

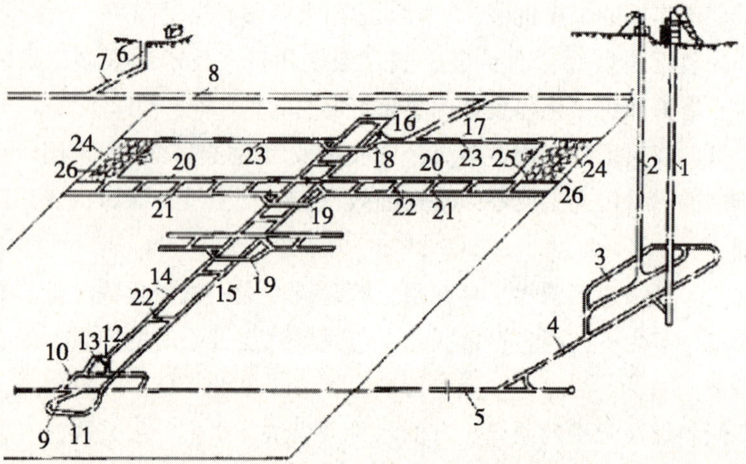

图2－16　矿井运输系统示意图

1—主井；2—副井；3—井底车场；4—主要运输石门；5—运输大巷；6—风井；7—回风石门；8—回风大巷；9—采区运输石门；10—采区下部车场；11—采区下部材料车场；12—采区煤仓；13—行人进风巷；14—运输上山；15—轨道上山；16—上山绞车房；17—采区回风石门；18—采区上部车场；19—采区中部车场；20—区段运输平巷；21—下区回风平巷；22—联络巷；23—区段回风平巷；24—开切眼；25—采煤工作面；26—采空区

从采煤工作面25采下的煤，经区段运输平巷20，采区运输上山14，到采区煤仓 12，在采区下部车场 10 内装车，经开采水平运输大巷 5，主要运输石门 4，运到井底车场 3，由主井 1 提升到地面。

采煤工作面所需材料、设备，用矿车由副井 2 下放到井底车场 3，经主要运输石门 4，运输大巷 5、采区运输石门 9、采区下部材料车场 11，由采区轨道上山 15 提升到区段回风平巷 23，再运到采煤工作面 25，采煤工作面回收的材料、设备和掘进工作面运出的矸石，用矿车经由与运料系统相反的方向运至地面。

（二）矿井运输提升系统的作用

（1）从回采工作面接受采落的煤炭，运往井底车场，再转运或提升到地面。

（2）从开拓和掘进工作面接受采落的矸石、煤炭或其他采掘物，运到采区车场，再转运到井底车场，直至运送或提升地面（排矸场）。

（3）将各种材料和设备，从地面下放或运往井底车场，然后运往回采、开拓或掘进工作面，以及井下其他生产地点；将这些回收或上井维修的材料或设备由各生产地点运往井底车场，再运送或提升到地面场地。

（4）交接班时，将接班人员尽快、安全地送往井下各工作地点，并接回下班人员，以及将技术管理人员或维修工作人员及时送到井下各地点。

（三）矿井运输设备设施

1. 电机车

（1）用途：主要用于煤矿井下运输平巷或矿山地面牵引矿车组运输煤炭、矸石、材料、设备、人员等。

（2）分类：按供电方式分有架线式电机车和蓄电池式电机车。按轨距分有 600 毫米、762 毫米、900 毫米的电机车。

图 2－17 架线式电机车

架线式电机车由电气和机械两大部分组成，电气部分包括受电器、自动开关、电阻器、牵引电动机及照明系统；机械部分包括车架、轮对、轴箱和轴承箱、弹簧托架、制动装置、齿轮传动装置、撒砂装置、连接缓冲装置及空气压缩系统（如图2－17所示）。

架线式电机车按电源电压分为250伏和550伏架线式电机车；按黏着重量分为7吨、10吨、14吨和20吨架线式电机车。

架线式电机车的调速方式主要有电阻调速、脉冲调速、斩波调速等，制动方式主要有电气制动、机械制动和压气制动。

蓄电池式电机车由电气和机械两大部分组成（如图2－18所示）。电气部分包括电源装置（蓄电池）、插销连接器、控制器、电阻器、牵引电动机和照明；机械部分与架线式电机车相同。按电源电压分蓄电池式电机车有96伏、120伏、140伏、196伏等种类；按黏着重量分有2.5吨、5吨、8吨和12吨蓄电池式电机车。

图2－18　蓄电池式电机车

蓄电池式电机车的调速方式主要有电阻调速、斩波调速两种方式。制动方式是机械制动。

2. 矿车

（1）用途：主要用在矿井井下铺设轨道的各类巷道中的运输和矿井地面运输，一般由绞车或电机车牵引，作为运送煤炭、矸石、材料、设备之用。

（2）组成：由车箱、车架、轮轴、缓冲器和连接器组成。

（3）主要参数：有容积（立方米）、载重量（吨）、外形尺寸（毫米）、轨距（毫米）；其中，轨距是矿车的一个主要参数，煤矿多采用600毫米、762毫米、900毫米的矿车。

（4）按用途、构造不同分有以下几种类型：

运送煤炭、矸石矿车，包括固定式矿车（MG1.1－6、MG3.3－9等）、翻斗式矿车（MF1.1－6、PGSC－2.2等）、底卸式矿车（MD3.3－6、MD3.3－9等）和侧卸式矿车（如图2－19所示）。

运送材料、设备的矿车，包括平板车（MP3－6、MP3－9等）和材料车（MC1－6等）。

专用矿车，包括炸药车、水泥车、救护车等。

侧卸式矿车　　翻斗式矿车　　固定式矿车

图 2－19　矿车

3. 人行车

（1）平巷人行车（如图 2－20 所示）。

用途：适合在煤矿井下使用铺设轨道的水平巷道运送人员，一般由电机车或内燃机车牵引。

工作原理：该车设有垂直方向和水平纵向的减振装置，当该车轮轴通过垂直方向冲击或底架接受纵向水平冲击时，车箱仍处于平稳运行状态。

图 2－20　平巷人行车

参数：如 PR12－6/6 人行车，每节车的乘坐人数是 12 人，轨距为 600 毫米，最大行车速度 3 米/秒，最大牵引力 60 千牛。

（2）斜井人行车。

用途：适合在煤矿井下使用铺设轨道的倾斜巷道运送人员，一般由绞车牵引。

分类：有 XRB 型（抱轨式）和 XRC 型（插爪式）两种类型。

4. 矿用绞车

（1）用途：通常用于煤矿提运煤炭、矸石、材料、设备、人员等。

（2）工作原理：是借助于钢丝绳带动提升容器沿井筒或倾斜井巷运行的提升机械，是煤矿生产系统中必不可少的重要设备。

（3）分类：有立井提升绞车、斜井提升绞车、调度绞车和回柱绞车等。

图 2－21　矿用绞车

5. 架空乘人装置，俗称猴车

（1）用途和特点：是一种用于煤矿井下

的高效长距离运人设备；它具有结构简单，能连续运输，运输能力大，运输距离长（可达到2000米），安全可靠的特点。

（2）分类：它有固定式吊椅和活动式吊椅两种类型。活动式吊椅又有闭锁式（适用于15°~24°）和普通式（适用于14°以下）。

（3）参数：如RJY架空乘人装置，采用活动式吊椅，主电机功率22千瓦，牵引绳速0.8米/秒，牵引力30千牛，乘人间距8米。

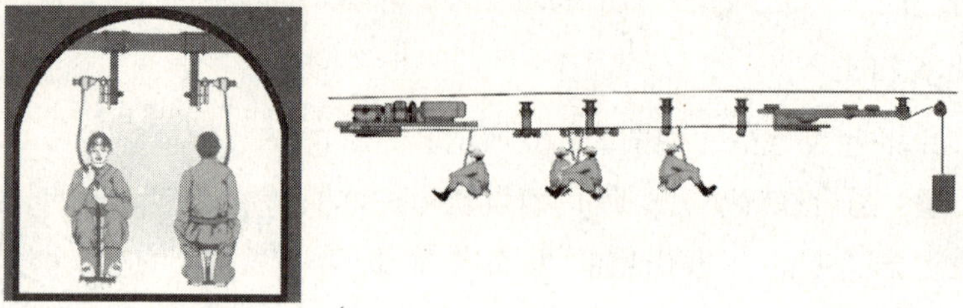

图2-22 猴车

6. 线路：轨道

（1）用途：是把机车和矿车的荷载通过车轮、钢轨、轨枕、道床传播、分散到地面或井下巷道底板上，引导列车沿钢轨平稳、高速运行，轨道运输是现代化矿井的主要运输方式。

（2）分类：

按其轨距分有600毫米、762毫米、900毫米三类。

按使用的钢轨类型分有15千克/米、18千克/米、22千克/米、24千克/米、30千克/米轨道；随着矿井电机车运行速度的提高，轴重和运量的增加，38千克/米、43千克/米轨道已开始在煤矿井下使用。

按矿井运输情况可分为主要和一般运输轨道，主要运输轨道包括井下的主要斜巷绞车道、井底车场、主要运输大巷和主要运输石门的轨道，地面运煤、运矸石干线和集中装载站车场的轨道；一般运输轨道是指井上、下轨道运输系统中，主要运输轨道以外的轨道，但不包括采、掘工作面的轨道。

7. 安全设施：挡车器

（1）用途：是安装在斜巷提升中防止跑车事故发生的装置，是煤矿提升运输中必不可少的安全防护设施。

（2）分类：常用的挡车器有挡车门、双爪挡车器（A型挡车器、B型挡车器、C 型挡车器、D 型挡车器）、阻车器（双爪阻车器、单爪阻车器）、超速捕车器、绳式挡车器、手动吊梁、挡车棍、雷达超速捕车器（SRC－102）。按打开方式分为常闭式和常开式挡车器。按控制方式分电动式、手动式和气动式（风动式）挡车器。

8. 安全设施：信号

（1）用途：是为了准确地组织矿井运输作业与运行调配工作，保证运输安全可靠性而设置的指示、命令。

（2）分类：声响信号，如：电铃和口哨；灯光信号，如：红、绿灯和标志信号灯；声光信号，如：对讲电铃、语言声光信号、岔口信号、岔位指示信号。

9. 安全设施：通讯

（1）用途：是能够迅速、正确地指挥组织运输以及运输工人之间的正常工作联系的装置。

（2）分类：有电话、载波电话、对讲电铃和泄漏通讯（KDXL）。

10. 安全设施：运输“信、集、闭”系统

（1）用途：是矿井电机车运输信号、集中控制和闭塞控制系统的简称。通过它可以实现对井底车场、各生产石门及主要绞车运输巷道的进路、信号及道岔，由一个控制中心集中控制和监督。

（2）主要功能：一是各种信号显示，供司机和调度员了解线路开通与机车运行状态；二是各种信号之间与电动转辙机车之间互相联锁，防止误操作，保证行车安全；三是设在调度站的模拟显示盘，集中控制和监督电机车运行，安全接发列车。

（3）分类：运输“信、集、闭”系统从 20 世纪 60 年代至今，经历了继电器控制系统、可编程逻辑器（PLC）集中控制系统、主站－分站式的 PLC 控制系统、主站－分站式的微机控制系统，到集散式微机监控系统（KJ15 系列）的发展过程。

11. 装卸载站：煤仓、翻车机、卸载站

（1）用途：用于把煤炭或矸石装入矿车中。

（2）分类：按装车方式分有顺装和侧装两种；按控制方式分有手动、气动、电动和液压传动四种。

四、通风系统

矿井通风系统是矿井通风方法、通风方式和通风网络的总称。也就是说，矿井已开掘进、出风井巷和具备必要的通风动力设备，并且在进出风井巷之间，建有控制风流的设施，使矿井的进风流和排风流都能按照预定的路线，通过采区和工作面以及需要通风的地点或场所，并有效地排出各种有害气体。对某一矿井来说，只要具备了以上这些条件，就构成了矿井通风系统。如图 2－16 所示（见 P52），新鲜风流从地面经副井 2 进入井下，经井底车场 3、主要运输石门 4、运输大巷 5、采区下部材料车场 11、采区轨道上山 15、区段运输平巷 20，进入采煤工作面 25，清洗工作面后，污浊风流经区段回风平巷 23、采区回风石门 17、回风大巷 8、回风石门 7，从风井 6 排出井外。矿井通风系统是煤矿井下生产中最重要的系统。通风系统合理、正常运行，才能使井下有毒有害气体得到稀释和排放，保证人员呼吸所需的新鲜空气，才能创造井下良好的气候条件。

五、供电系统

供电系统是给矿井提供动力的系统。由于煤矿企业的特殊性，对矿井的供电系统要求绝对可靠，不能出现随意断电事故。为了保证可靠供电，要求必须有双回路电源，同时保证矿井供电。如果某一路电出现故障，另一路电必须立即运行。

一般矿井供电系统是：双回路电网→矿井地面变电所→井筒→井下中央变电所→采区变电所→工作面用电点。

除一般供电系统外，矿井还必须对一些特殊用电点实行专门供电，如矿井主通风机、井底水泵房、掘进工作面局部通风机、井下各需专门供电的机电硐室等。

六、供排水系统

煤矿井下生产要洒水灭尘，液压设备以及井下防灭火都需要水，因此，必须向井下供水。此外，矿井水必须排到地面，否则会淹没采掘工作面。为此，矿井都建有供、排水系统。

矿井供水系统一般为：矿井地面蓄水池通过管道→井筒→井底车场→水平运输巷→采区上（下）山→区段集中巷→区段斜巷→工作面。在供水管道系统中，有大巷洒水、喷雾、防尘水幕。煤的各个转载点都有洒水灭尘喷头、采掘工作面洒水灭尘喷雾装置、采掘工作面机械设备供水系统等。

排水系统一般与进风风流方向相反，由采煤工作面，经由区段运输平巷、采区下部车场、开采水平运输大巷、主要运输石门等巷道一侧的水沟，直流到井底车场水仓，再由水泵房的排水泵通过副井的排水管道排至地面。

七、其他系统

煤矿井下除运输、通风、供电、供排水系统外，还有一些系统，如瓦斯监控系统、灌浆系统、通信系统。这些系统，特别是瓦斯监控系统，是高科技知识在煤矿安全生产方面的应用，对预防井下瓦斯煤尘爆炸等事故起着极大的作用。每一名煤矿职工都要爱护、保护好这些安全设施。

（一）瓦斯监控系统

我国的高瓦斯矿井及有煤与瓦斯突出矿井，一般都安装有瓦斯监控系统。这种系统是在井下采掘工作面及需要监测瓦斯浓度的地点安设多功能探头，24 小时连续不断监测井下瓦斯的浓度，并将其通过井下处理设备转变为电信号，通过电缆传至地面主机房，并通过转换设备将电信号转为数字信号，在计算机及大屏幕上显示出来。管理人员可以随时通过屏幕掌握井下各监控点的瓦斯浓度，一旦某处瓦斯超限，井上井下会同时报警并自动采取相应的断电措施。

（二）灌浆防灭火系统

对于煤层自然发火严重的矿井，常用灌浆灭火系统应对。这种系统是在地面建立制浆站，将黄土、砂子等制成泥浆，再由管道送入采煤工作面上顺槽。随工作面推进，对采空区后方进行灌浆，用浆体将采空区遗煤包裹起来，使煤和氧气隔绝，从而防止煤的氧化自燃。

（三）通信系统

为了更好地进行煤矿生产，煤矿井下一般都有电话通信系统。在井下各个采掘工作面、煤的装车点、变电所、主要机电硐室、火药库等地方都装有防爆电话机。通过电话联络，可以随时掌握井下及地面生产情况。当矿井发生灾变时，电话机又是指挥救灾的必要设施。所以，煤矿职工要保护好电话及通信线路。

第四节　井下安全标志

井下安全标志是指井下悬挂的或张贴的图文标志，目的在于警示人们注意不安全因素，预防事故发生。煤矿新工人必须做到认识、爱惜和维护，发现有变性、损坏、变色、图形脱落、亮度老化等现象应及时向有关部门和领导报告，以便及时修理或更换。

一、禁止标志

禁止标志中，圆环和斜杠用红色，图形符号用黑色，背景用白色，外边框用白色，补充标志为红底白字。

图像	设置地点
	井口、变电所、矿灯房、材料场、绞车房、仓库、扇风机房和抽瓦斯泵房等处（选用国际标准、国家标准）
	井口和扇风机房附近 20 米处（禁止一切明火，如火焊、电焊、喷灯、炉火等）

续表

图像	设置地点
	地面井口处（禁带一切火种，如火柴、打火机、手电筒等）（选用国家标准）
	冒顶危险区附近，放炮地段警戒线处，不兼作行人的绞车道、材料道及禁止行人的通道口
	变电室、绞车房、水泵房、机车库、火药库、消防火仓库等硐室、盲巷、封闭的火区和瓦斯钻场等场所
	皮带等运输设备
	禁止坐人的皮带运输机附近适当地点（每间隔 50 米设一个）
	运输大巷交叉口、乘车场和扒车事故多发地点等场所
	巷道变窄处、风门附近

续表

图像	设置地点
	设在运人井口附近
	设在敷有电缆、信号线的斜巷内或挂在电缆上
	设在井下变电室或采掘工作面设有电源开关处，停止送电时用
	设在临时需要禁止的地点，如放炮、关闭风门、禁止行车和行人等。补充标志文字，视现场需要自行填写

二、警告标志

三角形边框用黑色；图形符号用黑色，背景用黄色，外边框用黄色；补充标志为白底黑字。

图像	设置地点
	提醒人们注意安全的地方（选用国家标准）

续表

图像	设置地点
	凡有触电危险部位，如电机车房、变电所、扇风机房、水泵房、绞车房和瓦斯泵站等处（选用国家标准）
	设在运输巷交叉口、井底车场、甩车场和弯道等处
	设在盲巷口、瓦斯钻场和巷道冒高等处（选用国家标准）
	井下仓库（如材料、工具、消防）、皮带机机头、充电室和火区等
	冒顶危险区的两侧、巷道维修地段两端等有关地方（选用国家标准）
	有透水危险部位
	有突出危险井口、煤掘进下作面、石门揭煤下作面等
	火药库内外、运输火药的车辆、火药箱和其他贮存和运送火药、雷管的地点和容器设备上

续表

图像	设置地点
	巷道变窄处、变坡处、人行交叉处、三角点及正在施工地段附近
	溜煤眼
	盲井、行人天井、井筒口附近（选用国家标准）

三、指令标志

指令标志图形符号用白色，背景用蓝色；外边框用白色；补充标志为蓝底白字。

图像	设置地点
	矿灯房、更衣室、井口附近
	建井施工处、高空作业点附近（选用国家标准）
	井口附近、更衣室内

续表

图像	设置地点
	设在皮带运输机、行人风桥等设有栈桥的两侧

四、提示标志

图像	设置地点	颜色
	设在矿井、采区安全出口路线上（间隔 50 ~ 100 米设一枚）	上部为绿底白箭头；下部为白底黑字
	洞口上方	上部为白底黑字；下部为绿底白箭头
	急救站门上方	图形符号用白色；背景为绿色
	通往电话的通道上	图形符号用白色，背景为绿色
	各种巷道内作路标指示	上部为白边绿底白箭头，下部为绿底（下部绿底上的字各用户自写，为白色，字体为粗等线体）

五、识别标志

图像	设置地点	颜色
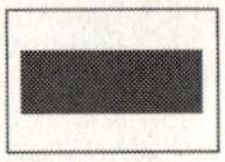	设在主要入风巷道的两侧上	红色条带
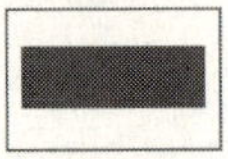	设在主要回风巷道的两侧上	黄色条带
	设在抽排瓦斯管路上	红白色相间条带

第五节　煤矿安全避险“六大系统”

为提高矿山安全生产保障能力，国家强制要求全国煤矿及非煤矿山都必须建立和完善测控系统、定位系统、避险系统、自救系统、施救系统、联络系统安全避险六大系统。“六大系统”对保障矿山安全生产发挥重大作用，将为地下矿山安全生产提供良好的条件。

一、测控系统

监测监控系统的功能一是“测”，即检测各种环境安全参数、设备工况参数、过程控制参数等；二是“控”，即根据检测参数去控制安全装置、报警装置、生产设备、执行机构等。若系统仅用于生产过程的监测，当安全参数达到极限值时产生显示及声、光报警等输出，此类系统一般称为监测系统；除监测外还参与一些简单的开关量控制，如断电、闭锁等，此类系统一般称为监测监控系统。

二、定位系统

井下人员及设备定位系统是集井下人员考勤、跟踪定位、灾后急救、日常管理等一体的综合性运用系统，集合了识别技术、传输技术、软件技术等先进的产品和技术。煤矿井下人员定位系统能够及时、准确地将井下各个区域人员及设备的动态情况反映到地面计算机系统，使管理人员能够随时掌握井下人员、设备的分布状况和每个矿工的运动轨迹，以便于进行更加合理地调度管理。当事故发生时，救援人员也可根据井下人员及设备定位系统所提供的数据、图形，迅速了解有关人员的位置情况，及时采取相应的救援措施，提高应急救援工作的效率。

三、避险系统

煤矿井下紧急避险设施有自救器、救生舱、避难所、防透水型固定式避难所。

（一）自救器

自救器的主要用途就是在井下发生火灾、瓦斯、煤尘爆炸，煤与瓦斯突出或二氧化碳突出事故时，供井下人员佩戴脱险，免于中毒或窒息死亡。自救器按其作用原理可分为过滤式和隔离式两种。隔离式自救器又分为化学氧和压缩氧自救器两种。

（二）救生舱

矿用可移动式逃生救生舱（以下简称救生舱）是一种新型的煤矿井下逃生避难装备。将其放置于采掘工作面附近，当煤矿井下突发重大事故时，井下遇险人员在不能立即升井逃生脱险的紧急情况下，可快速进入救生舱内等待救援，对改变单纯依赖外部救援的矿难应急救援模式，由被动待援到主动自救与外部救援相结合，使救援工作的科学、有序、有效将起到至关重要的作用。

（三）避难所

避难所又称硐室，是指建立在矿井下各危险工作区域的密闭空间，依托矿井巷道构筑而成，具备很好的防护性能，能够抵御一定的外力冲击；室内提供生存必需的氧气、水、食物、急救药品、废气处理等设施。当灾变发生时，遇险人员可迅速躲进避难所等待外部救援，是降低遇险人员伤亡率的最有效途径。对于挽救井下幸存人员的生命具有积极而重大的意义。

四、自救系统

压缩空气自救装置是一种固定在生产场所附近的固定自救装置，当发生煤和瓦斯突出或突出前有预兆出现时，工作人员应进入自救装置，打开压气阀避灾。它的气源来自生产动力系统——压缩空气管路系统。由于管路内的压缩空气具有较高的压力和流量，不能直接用于呼吸，必须经过减压、节流使其达到适宜人体呼吸的压力和流量值，并要同时解决消声（由于减压引起）和空气净化问题。通过可调式气流阀调节节流面积，以适应不同供风压力下的流量要求，按健康人在静止状态吸气 20 升/分钟，在剧烈运动和紧张状态下吸气 60 ~ 80 升/分钟的标准，确定压风自救装置的供风量应≥100 升/分钟。

五、施救系统

所有采掘工作面和其他人员较集中的地点、井下各作业地点及避灾硐室（场所）处设置供水阀门，保证各采掘作业地点在灾变期间能够实现提供应急供水。三通及阀门应按照《煤矿安全规程》要求设置。井下供水管路应采用钢管材料制作，并加强维护，保证正常供水。

六、联络系统

在主副井绞车房、井底车场、运输调度室、采区变电所、水泵房等主要机电设备硐室和采掘工作面以及采区、水平最高点，应安设电话。井下避难硐室（救生舱）、井下主要水泵房、井下中央变电所和突出煤层采掘工作面、爆破时撤离人员集中地点等，必须设有直通矿调度室的电话。要积极推广使用井下无线通信系统、井下广播系统。发生险情时，要及时通知井下人员撤离。

第六节　煤矿工人师傅带徒弟

师傅带徒弟的培训方式，是充分发挥老职工“传、帮、带”作用，进一步提高企业职工安全素质和技能，规范作业行为，杜绝“三违”现象，从根本上防止事故发生的传统而有效的方法，具有独特的教育培训优势和很强的针对性、实用性。

一、师傅带徒弟的基本原则

（1）以人为本，服务安全。围绕服务企业安全生产工作，突出职工在学习培训中的主体地位，单位指定与师徒自愿相结合，言传身教、教学相长，真正做到干什么学什么，缺什么补什么，不断提高职工安全素质和自我安保能力。

（2）完善机制，分级（或分工）实施。根据各工种（岗位）特点和对职工学历、资历、技能等要求，完善相关制度，健全考核、评价、跟踪、监督和激励约束机制。

（3）突出重点，注重实效。着眼于提升企业职工的安全意识和素质，以经过岗前安全教育培训新上岗的职工为重点，丰富师傅带徒弟的手段、方法、内容，加强培训质量评估，不断提高师傅带徒弟的针对性和实效性。

二、师傅带徒弟责任体系及工作制度

煤矿企业要建立健全组织机构，完善工作制度，把师傅带徒弟工作纳入本企业安全生产教育培训的整体部署，制订年度工作计划。根据企业不同层次、不同类型职工特点和岗位安全素质的要求，精心制定实施方案，明确师傅带徒弟的形式内容、目标任务、考核评价等要求，完善管理制度。

（1）健全岗位责任制度。要结合本企业安全生产的工作实际，完善岗位责任制，明确师傅带徒弟职责。各级负责人特别是企业职工教育培训工作的负责人，要加强对师傅带徒弟实施情况的跟踪、指导和监督。

（2）建立师徒协议工作制度。师徒双方应本着自愿的原则，签订师徒协议。协议内容应包括培养目标、措施、期限，师徒双方的权利、义务以及考核方式等。师徒关系及协议内容在企业一定范围内公布，接受各方监督。

（3）建立健全考核制度。煤矿企业要建立由相关部门负责人组成师傅带徒弟考评小组，建立健全师傅带徒弟考核制度，主要包括师徒协议的履行、师徒的安全业绩、师傅的带徒成果、徒弟安全技能的提高等，制定质量效果评估体系，统一考核标准、程序和方法，严格考核。

（4）健全奖惩制度。进一步完善师傅带徒弟激励约束机制，煤矿企业要制定奖惩办法，落实奖惩措施。对于出色完成培养任务的，给予师徒双方一定的精神与物质奖励，并在评优和晋级等方面优先考虑；对于培养任务完成差或未完成任务的，给予一定处罚。

（5）建立档案制度。煤矿企业要建立由企业、师傅和徒弟三方签名的师傅带徒弟档案，真实记录教学内容、技能训练科目、教学时间以及考核情况等。要将师傅带徒弟情况纳入本企业安全生产培训统计范围，对师傅带徒弟安全培训情况进行登记，并定期检查。

三、完善师傅带徒弟工作机制

（1）严格师徒条件。师傅应具有较强的事业心、高尚的职业道德和精湛的业务技术，并具有丰富的处理问题能力、掌握并灵活运用所学知识进行传授讲解能力，师傅一般应当在具备中级以上专业技术资格或中级工以上技能等级，5 年以上相应岗位（工种）工作经历，成绩突出，善于“传、帮、带”，且3 年内没有“三违”行为的职工中选聘。徒弟重点是企业经过岗前安全教育培训新上岗的职工，同时还应把农民工和外包施工企业人员纳入徒弟范围。对徒弟的基本要求：徒弟必须有学习的愿望以及相应的文化基础；尊重师傅，谦虚好学，服从师傅教导，勤奋刻苦，认真实践。不怕苦、累、脏；能全力帮师傅分忧解难，帮师傅做一些力所能及的事务；善于观察，多动脑筋。

（2）明确时间和内容。煤矿企业要根据岗位（工种）的实际需求，确定师傅带徒弟的时间和内容。师傅带徒弟的时间原则上不少于6 个月，特殊工种可延长到12个月。主要内容是提高岗位安全技能的理论与实践操作学习，理论学习包括本工种应知的相关技术理论知识；实践操作包括本工种应熟练掌握的现场操作技能。

（3）规范工作程序。煤矿企业根据实际岗位需要，确定师傅推荐人选，由师傅确定徒弟人选。基层单位确认后，由相关部门组织有关人员审核并组织实施。师徒关系确定后，师徒双方要在自愿、平等的基础上签订师徒协议，并在一定范围内公布。

知识检测

一、填空题

1. 矿井开拓形式根据进入煤层的井硐形式的不同可分为______、______、______、______四种形式。
2. 井巷工程施工安全主要包括______、______、______。
3. 井巷施工中常见事故类型有______、______、______、______、______、______。
4. 柱式体系采煤法主要包括______、______。
5. 矿井空气中的主要有毒有害气体有______、______、______、______、______、______、______。
6. 矿井通风方式，根据矿井进风井与出风井相互位置的不同，主要分为______、______、______。
7. 按照掘进巷道通风动力形式不同，其通风形式主要分为______、______、______。
8. 矿用通风机按其服务范围分为______、______、______。
9. 矿井运输系统主要包括______、______、______、______。
10. 炸药爆炸的形式有______、______、______。

二、选择题

1. 采掘工作面进风流中的氧气浓度不得低于（　　）。

A. 12%　　B. 20%　　C. 15%　　D. 23%

2. 总回风流内的二氧化碳浓度不得高于（　　）。

A. 0. 75%　　B. 1%　　C. 0. 5%　　D. 0. 1%

3. 当矿井风流中一氧化碳浓度达到（　　），40 分钟即可引起头痛眩晕和恶心。

A. 0. 1%　　B. 0. 01%　　C. 0. 05%　　D. 0. 08%

4.《煤矿安全规程》规定：煤巷、半煤岩巷和有瓦斯涌出的岩巷的掘进通风方式应采用（　　）。

A. 抽出式　　B. 混合式

C. 压入式　　D. 引射器通风

5. 采区回风巷、采掘工作面回风巷风流瓦斯浓度超过（　　），必须停止作业，撤出人员。

A. 1%　　B. 0.75%　　C. 1.5%　　D. 0.5%

6. 当巷道内的氧气浓度低于（　　），人就会因缺氧而窒息死亡。

A. 20%　　B. 15%　　C. 8%　　D. 12%

7. 采掘工作面、出矿巷道、天井和天井至回采工作面之间巷道内的照明电压应不大于（　　）。

A. 127 伏　　B. 220 伏　　C. 36 伏　　D. 12 伏

8. 水平巷道或倾角小于（　　）的巷道，应使用钢带铠装电缆。

A. 45°　　B. 30°　　C. 60°　　D. 15°

9. 中央变电所的地面，应比入口处巷道轨面高（　　）。

A. 0.2 米　　B. 0.3 米　　C. 0.1 米　　D. 0.5 米

10. 高瓦斯矿井、低瓦斯矿井的高瓦斯区域，煤矿许用炸药的安全等级必须不低于（　　）。

A. 一级　　B. 二级　　C. 三级　　D. 四级

三、名词解释

1. 立井开拓　2. 内因火灾与外因火灾　3. 瓦斯监控系统

4. 安全技术　5. 采煤方法

四、简答题

1. 防止井巷工程施工中的冒顶片帮事故的措施有哪些？
2. 急斜煤层采煤法的主要特点有哪些？
3. 两翼对角式通风的使用条件及优缺点是什么？
4. 敷设在矿井内的电缆应遵守哪些规定？
5. 矿井常见运输事故有哪些及其发生的原因是什么？

第三章　煤矿灾害基础知识及典型事故与防治

第一节　顶板事故的认识与防治

典型案例
dianxinganli

一、事故经过

某厂采煤二队早班班长王某带领李某、冼某在14510工作面机头缺口施工。他们三人进入工作面将机头缺口准备工作做好，炮眼布置完毕。这时工作面其他人员已经收工升井，按《作业规程》应该边放炮边维护顶板，但他们却将装好的炮一次性放完。并违章在大面积空顶下攉煤，由于空顶时间较长，顶板上一块长2米、宽1米、厚50～300毫米的石块突然冒落，将正在攉煤的李某、冼某当场埋压，经抢救冼某脱险，李某死亡。

二、事故原因

1. 直接原因

空顶作业，发生冒顶事故。

2. 间接原因

《作业规程》及安全技术措施贯彻不力，安全教育抓得不够，职工“安全第一”的思想树立不牢；现场管理松懈，管理人员责任心不强。

3. 重要原因

大面积（4.7米×2.00米）空顶，班长王某违章指挥，工人李某、冼某违章作业；盯面安监员南某擅离职守，工作责任心差，使现场失去监督管理。

三、经验教训

这起事故首先是在没有严格按照作业规程要求施工的情况下发生的。班长王某身为生产现场的安全第一责任者，应该知道三大规程中明确规定：严禁空顶作业。可是王某却为了提前完工，进行违章指挥，使李某和冼某在大面积空顶的条件下冒险作业，导致冒顶伤人。同时，《煤矿安全规程》第五条明确规定：职工有权制止违章作业，拒绝违章指挥。而李某和冼某在接受违章指挥时，对自己应有的权利不明确，没有有效地行使自己的权利，由此说明，该矿在对职工的日常安全教育方面存在严重漏洞，对职工的安全教育和培训抓得不严、不细、不全面。

这起事故发生在其他人员已经收工升井以后，即交接班这个特殊时段，作业人员心理慌张、注意力不集中、情绪急躁，极易出现误操作和违章行为。这就要求安全员加强交接班期间以及其他特殊时段的安全管理，制定并严格执行交接班安全管理制度。

盯面安监员组织纪律性不强、素质差，对现场的安全监督检查不力。在盯面范围内有人员作业时，安监员必须盯面在现场，对出现的任何隐患有督促整改、落实的责任，对出现的任何“三违”，有制止、处罚的权利。而该盯面安监员提前离岗，使隐患和“三违”行为没有得到及时有效的遏制，从而导致事故发生。

一、矿井顶板概述

顶板事故是指在地下采煤过程中，因为顶板意外冒落造成的人员伤亡、设备损害、生产中止等事故。在实行综采之前，顶板事故在煤矿事故中占有很高的比例，高达75%。随着液压支架的使用及对顶板事故的研究和预防技术的深入，顶板事故所占的比例有所下降，但仍然是煤矿的主要灾害之一。一般说来，巷道顶板事故多发生在掘进工作面（迎头）和巷道交叉口；采煤工作面顶板事故多发生在作面两端的、放顶线附近和靠煤壁的局部位置。

（一）矿井顶板类型

煤层顶板由伪顶、直接顶和老顶构成。伪顶是指紧贴在煤层之上，极易垮落的薄岩层；直接顶位于伪顶或煤层（无伪顶时）之上，一般由一层或几层厚度不定的泥岩、页岩、粉砂岩等比较容易垮落的岩层所组成，按稳定性可分为：不稳定顶板，中等稳定顶板，稳定顶板，坚硬顶板；老顶又叫基本顶，一般指位于直接顶之上（有时也直接位于煤层之上）厚而坚硬的岩层。

顶板分为坚硬难冒顶板、破碎顶板和复合型顶板。坚硬难冒顶板是指直接顶岩层比较完整、坚硬（固），回柱后不能立即垮落的顶板。一般为砂岩、砾岩和石灰岩。破碎顶板指的岩层的强度低、节理裂隙多、整体性差，自稳能力低，并在工作面控顶区范围内维护困难的顶板。

（二）常见顶板支护方式

顶板常见支护方式有支架支护、锚杆、锚喷支护、砌碹支护。

二、矿井顶板事故的形式

（一）采煤工作面顶板事故

根据事项的严重程度，顶板事故分为局部冒顶事故和大冒顶事故。

局部冒顶事故实质上是由已破坏的顶板失去依托而造成的垮落（如图3－1所示）。就其触发原因而言可以大致分为两部分：一部分是采煤工作（包括破煤、装煤等）过程中发生的局部冒顶事故，即在采煤过程中未能及时支护已出露的破碎顶板；另一部分则是单体支护回柱和整体支护的移架操作过程中发生的局部冒顶事故。

图3－1　局部冒顶事故图例

采煤工作面的大冒顶事故也叫采场大面积切顶、落大顶、垮面。

（二）巷道顶板事故

巷道的变形和破坏形式是多种多样的，巷道中常见的顶板事故按照围岩破坏部位可分为：巷道顶部冒顶掉矸、巷道壁片帮以及巷道顶、帮三面大冒落三种类型。按照围岩结构及冒落特征又可分为：镶嵌型围岩坠矸事故、离层型围岩片帮冒顶事故、松散破碎围岩塌漏抽冒事故以及软岩膨胀变形毁巷事故等几种形式。

三、矿井常见冒顶事故的预兆

（一）局部冒顶的预兆

（1）工作面遇有小地质构造，由于构造破坏了岩层的完整性，容易发生局部冒顶。

（2）顶板裂隙张开、裂隙增多，敲帮问顶时，声音不正常。

（3）顶板裂隙内卡有活矸，存在掉碴、掉矸现象，掉大块前往往先落小块矸石。

（4）煤层与顶板接触面上，极薄的矸石片不断脱落。这说明劈理（即顶板节理、裂隙和摩擦滑动面）张开，有冒顶的可能。

（5）淋头水分离顶板劈理，常由于支护不及时而冒顶。

（二）大型冒顶的预兆

1. 顶板的预兆

（1）顶板连续发生断裂声。这是由于直接顶与老顶发生离层，或顶板切断而发生的声响。有时采空区顶板会发出像闷雷一样的声音，这是老顶板和上方岩层产生离层或断裂的声音。

（2）掉碴。顶板岩层破碎下落，一般由少变多，由稀变密，这是发生冒顶的危险信号。

（3）顶板裂缝增加或裂隙张开。顶板的裂隙，一种是地质构造产生的自然裂隙，一种是由于顶板下沉产生的踩动裂隙。人们常常在裂缝中插上木楔子，看它是否松动或掉下来，观察裂缝是否扩大，以便做出预报。

（4）脱层。顶板快要冒落的时候，往往出现脱层现象。检查是否脱层可用“问顶”的方法，如果声音清脆，表明顶板完好；如果顶板发生“空空”的响声，说明上下岩层之间已经脱离。

2. 煤壁、支架及工作面其他预兆

由于冒顶前压力增加，煤壁受压后，煤质变软，片帮增多，使用电钻打眼时，钻眼省力，用采煤机割煤时负荷减少。使用木支架时，支架大量折断、压劈并发出声音；使用金属支架时，顶板来压引起活柱快速下沉，连续发出“咯、咯”的响声，并引发支柱打颤。工作面使用绞接顶梁时，因受顶板冲击压力，顶梁楔被弹出或挤压。顶板松软或留有底夹石、丢底煤时，支柱会大量插入底板。含有瓦斯的煤层，冒顶前瓦斯涌出量突然增大；有淋水的顶板，淋水量也会增加。

四、矿井顶板事故防治措施

（一）采煤工作面顶板事故防治措施

1. 局部冒顶事故防治措施

（1）防止应力集中和放顶不实。

（2）合理选择工作面推进方向。

（3）采取正确的支护方法。

（4）坚持工作面正规循环作业。

（5）减少顶板暴露面积和缩短顶板暴露时间。

2. 大冒顶的防治措施

（1）必须加强矿井生产的地质勘探工作，对每个采区、每个采煤工作面的顶底板岩性、组成和物理力学性质，煤质软硬、厚度和倾角的变化，地质构造与自然裂隙的性质、煤层赋存情况和水文地质条件等作调查研究，做出分析预报，作为采区设计和编制作业规程的依据，以便针对性地采取措施防止冒顶。

（2）认真编制采区设计和工作面作业规程。正确确定采区巷道布置、开采程序和采煤方式是保证安全生产的重要因素。

（3）大力开展顶板观察工作，掌握顶板活动规律，进行顶板来压预报。

（4）重视初次放顶，加强有效的安全措施。

（5）加强工作面支护和管理。目前还有相当数量的工作面采用金属摩擦式支柱，甚至木支架。

（二）巷道顶板事故防治措施

1. 巷道掘进和支护的安全注意事项

（1）防治巷道顶板事故，开掘巷道时应避免把巷道布置在由采动引起的高应力区内，或布置在很软弱破碎的岩层里。

（2）掘进工作面严禁空顶作业。

（3）在松软的煤、岩层或流砂性地层中及地质破碎带掘进巷道时，必须采取前探支护或其他措施。

（4）支架间应设牢固的撑木或拉杆。

（5）更换巷道支护时，在拆除原有支护前，应先加固临近支护，拆除原有支护后，必须及时除掉顶帮活矸架设永久支护，必要时还应采取临时支护措施。

（6）开凿或延深斜井下山时，必须在斜井及下山的上口设置防止跑车装置，在掘进工作面的上方设置坚固的跑车防护装置，以防跑车冲倒支架造成巷道冒顶。

（7）由下向上掘进 250 米以上的倾斜巷道时，必须将溜煤（矸）道与人行道分开，防止煤（矸）滑落伤人。

2. 不同地点顶板事故的防治措施

（1）掘进头。

①根据掘进头岩石性质，严格控制空顶距。当掘进头遇到断层褶曲等地质构造破坏带或层理裂隙发育等破碎岩层时，棚子应紧靠掘进头。

②严格执行敲帮问顶制度，危石必须挑下，无法挑下时应采取临时支撑措施，严禁空顶作业。

③在掘进头附近应采用拉条等把棚子连成一体防止棚子被推垮，必要时还要打中柱以抗突然来压。

④掘进工作面的循环进尺必须依据现场条件在作业规程中明确规定，

一般情况下永久支护离迎头的距离不得超过一个循环的进尺。地质条件变化时，应及时补充措施并调整循环进尺的大小。

⑤巷道顶部锚杆施工时应由外向里逐个逐排进行，不得在所有的锚杆眼施工完后再安装锚杆。

⑥采用架棚支护时，应对巷道迎头至少10米的架棚进行整体加固。加固装置必须是刚性材料，并能适应棚距的变化。

（2）巷道交叉处。

防治巷道交叉处冒顶的措施如下：

①巷道交叉点的位置尽量选在岩性好、地质条件稳定的地点，开口应避开原来巷道冒顶的范围。

②采用锚杆（锚索）对巷道交叉点支护时，要进行顶板离层监测，并在安全技术措施中对支护的技术参数、监测点的布置及监测方法等进行规定。

③架棚巷道的交叉点采用抬棚支护时，要进行抬棚设计，根据设计对抬棚材料专门加工，抬棚梁和插梁要焊接牙壳。注意选用抬棚材料的质量与规格，保证抬棚有足够的强度。

④当开口处围岩尖角被压坏时，应及时采取加强抬棚稳定性的措施。

⑤必须在开口抬棚支设稳定后再拆除原巷道棚腿，不得过早拆除，切忌先拆棚腿后支抬棚。

（3）围岩松散破碎地点。

①炮掘工作面采用对围岩震动较小的掏槽方法，控制装药量及放炮顺序。

②根据不同情况，采用超前支护、短段掘砌法、超前导硐法等少暴露破碎围岩的掘进和支护工艺，缩短围岩暴露时间，尽快将永久支护紧跟到迎头。

③围岩松散破碎地点掘进巷道时要缩小棚距，加强支架的稳固性。

④积极采用围岩固结及冒落空间充填新技术。对难以通过的破碎带，采用注浆固结或化学固结新技术。

⑤分层开采时，回风顺槽及开切眼放顶要好，坚持注水或注浆提高再生顶板质量，避免出现网上空硐区。

⑥在巷道贯通或通过交叉点前，必须采用点柱、托棚或木垛加固前方

支架，控制放炮及装药量，防止崩透崩冒。

⑦维修老巷时，必须从有安全出口及支架完好的地方开始。

3. 不同支护方式顶板事故的防治措施

（1）支架支护。

①可能的情况下巷道应布置在稳定的岩体中，并尽量避免采动的影响。

②巷道支架应有足够的支护强度以抗衡围岩压力。

③巷道支架所能承受的变形量，应与巷道使用期间围岩可能的变形量相适应。

④尽可能做到支架与围岩共同承载。

⑤凡因支护失效而空顶的地点，重新支护时应先护顶，再施工。

⑥巷道替换支架时，必须先支新支架，再拆老支架。

⑦在易发生推垮型冒顶的巷道中要提高巷道支架的稳定性，可以在巷道的支架之间用拉撑件连接固定，增加架棚的稳定性，以防推倒。

（2）锚杆、锚喷支护。

①锚杆、锚喷等支护的端头与掘进工作面的距离，锚杆的形式、规格、安装角度，混凝土标号、喷体厚度，挂网所采用金属网的规格以及围岩涌水的处理等，必须在施工组织设计或作业规程中规定。

②采用钻爆法掘进的岩石巷道，必须采用光面爆破。

③打锚杆眼前，必须首先敲帮问顶，将活矸处理掉，在确保安全的条件下，方可作业。

④使用锚固剂固定锚杆时，应将孔壁冲洗干净，砂浆锚杆必须灌满填实。

⑤软岩使用锚杆支护时，必须全长锚固。

⑥锚杆必须按规定做拉力试验。煤巷还必须进行顶板离层监测，并用记录牌板显示。对喷体必须做厚度和强度检查，并有检查和试验记录。在井下做锚固力试验时，必须有安全措施。

⑦锚杆必须用机械或力矩扳手拧紧，确保锚杆的托板紧贴巷壁。

（3）砌碹支护。

①在地压较大或不均匀地区，为使支架不被破坏，在这些地区应考虑采用钢筋混凝土砌漩。

②在掘砌一次成巷施工中，掘进工作面到砌碹地点一般保持 20 ~ 40 米距离。巷道砌碹时，必须及时排除顶帮活动的矸石，并应采取临时支护措施。

③顶板不好时要有专门措施，实行短掘短砌。

④采用料石砌碹时，砌碹用的料石材质和几何尺寸必须符合设计要求并经检验合格，不准用风化石料。

⑤开挖基础、砌墙、立拱架、支模（混凝土碹支盒子板）、铺拱板、拆拱架等在作业规程中要有具体现定，尤其要明确规定抬棚长度和立拱架长度、砌墙和扣拱之间的距离以及永久支护（砌碹）和临时支架之间的距离。

⑥砌墙和扣拱必须做到灰浆饱满，不准有干缝瞎缝，不准出现重缝现象。砌墙时必须把料石用石楔支平。

⑦拱架之间必须有撑杆拉手，拱架要支稳支牢，保证巷道中腰线符合规定。

⑧巷道砌碹时，碹体与顶帮之间必须用不燃物充满填实；巷道冒顶空顶部分，可用支护材料接顶，但在碹拱上部必须充填不燃物垫层，其厚度不得小于 0.5 米。

⑨砌体要保证足够的养护期，不准提前拆拱架。

五、矿井顶板事故处理措施

（一）顶板事故处理的基本原则

1. 采煤工作面冒顶的处理原则

（1）顶板冒落范围不大时，如果遇险人员被大块矸石压住，可采用千斤顶、液压起动器等工具把大块岩石顶起，迅速将人救出。

（2）顶板沿煤壁冒落，矸石块度比较破碎，遇险人员又靠近煤壁位置时，可采用沿煤壁由冒顶区从外向里掏小硐，架设梯形棚子维护顶板，边支架边掏硐，把遇险人员救出。

（3）如果遇险者位置靠近放顶区时，可采用沿顶板区由外往里掏小硐，架设梯形棚子，木板背帮背顶，或用前探棚边支护边掏硐，把遇险人员救出。

（4）工作面冒落范围较小，矸石块度小，比较破碎、并且继续下落、矸石扒一点漏一点时可采用撞楔法处理，控制住顶板。

（5）分层开采的工作面发生事故，底板是煤层，遇险人员位置在金属网或荆条假顶下面时，可沿底板煤层掏小硐，边支护边掏硐，接近遇险者后将其救出。如果底板是岩石，掏不动，遇险者位置在金属网或荆条假顶下面时，可沿煤壁掏小硐寻找遇险人员。

（6）工作面冒落范围很大时，遇险者的位置在冒落工作面的中间，采用掏小硐和撞楔法处理，时间长，不安全。可沿煤层重开开切眼的方法处理。新开切眼与原工作面距离一般为3～5米左右，边支护边掘进。也可沿煤壁掏硐法处理，但靠冒落区的一边必须用木板背好，防止漏矸石。

（7）如果工作面两头冒顶，把人堵在中间，采用掏小硐和撞楔法穿不过去，可采用另开巷道的方法，绕过冒落区或危险区将遇险人员救出。

2. 巷道冒顶的处理原则

（1）先外后里。

（2）先支后拆。

（3）先上后下。

（4）先近后远。

（5）先顶后帮。

（二）采煤工作面冒顶事故处理方法

在冒顶范围不大、工作面没有堵死、矸石暂时停止下落的情况下可采用架棚法。具体处理方法如下：

（1）在掏梁窝或挂顶梁之前，必须先检查冒顶地点附近的支架情况，发现有折损、歪扭、变形的柱子，要立即处理好，以防继续冒顶和掉矸伤人。

（2）在冒顶范围内清理出一部分塌矸后，进行掏梁窝架单腿棚子或金属悬臂梁的工作。

（3）架好单腿棚子或挂好悬臂梁后，棚梁上的空隙要用木料架设小木垛接到顶。架小木垛前应先挑落浮矸，小木垛必须插紧背实，阻止冒落进一步扩大。

(4) 小木垛架好后，便可清理浮煤煤矸，打好贴帮柱，防止片帮。

(三) 巷道冒顶事故处理方法

巷道发生冒顶事故的处理方法有木垛法、搭凉棚法、直接支架法、撞楔法、锚喷法、绕道法。

1. “井”字木垛法

(1) “井”字木垛法运用于冒顶不超过5米，冒落范围已基本稳定的情况。

(2) “井”字木垛和小棚结合法。当冒顶超过5米，冒后稳定，为节省坑木和时间可用此法。要求架棚技术高，棚子牢固可靠。

2. 搭凉棚法

当冒落高度不超过1米，并不再继续冒落，冒落长度也不太大时，可以用适当数量的较长坑木搭在冒落两头完好的支架上，即所谓搭凉棚法。搭好“凉棚”后，在其掩护下迅速出矸、架棚。架好棚子后，再在凉棚上用其他材料把顶板接实。但此法不宜在高瓦斯矿井采用。

3. 直接支架法

在巷道围岩已经稳定，冒落矸石又不多，冒顶范围约2~3架时，可采用直接支架法。该方法是先扒掉碍事的矸石，在两帮掏出柱窝，然后立好柱腿，紧接着架设顶梁，并且插背好，最后清理底部煤矸。再往前依次照上述程序操作，直至处理完毕为止。

4. 撞楔法

当巷道冒落矸石很碎时，可采用撞楔法处理。该方法是在冒顶的地方先用撞楔向冒落碎矸深处打入，在撞楔的保护下，清理冒落的煤矸，重新架设支架。

5. 锚喷法

锚喷法适用于冒顶范围较大，具备锚喷支护设备的岩巷。该方法是先处理冒顶区域内顶板及两帮活矸，人员站在安全侧向冒顶区域顶部喷射一层厚30~50毫米的混凝土封固顶板，然后再封两帮。当初喷层凝固后再打锚杆，并及时挂网和复喷一次，复喷厚度不宜超过200毫米。冒顶处理完后，按要求立模砌碹，也可架设金属支架。

6. 绕道法

当冒落长度大，不易处理，为了营救遇险人员，首先要设法给遇险人员供给新鲜空气、饮料和食物，然后打绕道迅速营救人员。

第二节　矿井水灾的认识与防治

典型案例
dianxinganli

一、事故经过

某煤矿带班班长何某带领31名工人（安全工1名，炮工2名，三轮车司机16名，装车工12名）入井作业，分布在8个工作面出煤。约9时20分，炮工刘某和梁某在西巷工作面放炮时，发生透水事故。在距透水点30米处躲炮的三轮车司机黄某和在附近工作面作业的工人，在听到放炮声的同时发现有水涌入他们的工作面，他们立即向地面逃生，17名矿工跑出地面，并向该矿负责人报告了事故。至此，井下其余15名矿工被困。

事故发生后，市政府及时成立了事故抢险救灾指挥部，制定了具体抢险救灾方案，并立即展开抢险工作。同时，指挥部根据事故现场的实际，成立了事故抢险救灾专家组，在专家组的指导下，不断调整救灾方案：抽调专业技术人员负责井下排水；调动大功率水泵加大排水量；为了防止排出地面的水再次渗漏到井下，组织人员在地面开挖防渗漏导流渠5千米；抽调地质队20名工程技术人员和军区给水团51名官兵，负责从地面向井下积水区打3个排水钻孔，安设深井水泵，以加快排水进度。抢险工作进行了38天，经多方努力，找到了13名遇难矿工，其余2名遇难矿工下落不明。事故抢险指挥部组织有关部门人员再次下井对其余2名遇难矿工进行现场搜寻，但仍未找到。抢险指挥部研究决定，抢险工作可以结束，认定2名遇难矿工下落不明。已找到的13名遇难矿工和2名下落不明矿工的善后事宜均已妥善处理完毕。

二、事故原因

1. 直接原因

①该矿越界进入季节性河槽下开采，自然涌水量大，矿井南部有多处原公乌素煤矿二号井16#煤层积水老空区；②该矿矿长违章指挥工人越界开采，巷道越界248米，冒险进入积水老空区下作业；③在未采取有效探放水技术措施的情况下，工人在掘进工作面放炮时与积水老空区打透，导致透水事故发生。

2. 间接原因

①该煤矿上年度安全评价为D类煤矿后，有关部门给该矿下达了停产整顿指令，该矿在不具备安全生产的条件下，拒不执行有关部门下达的停产整顿指令，擅自恢复生产，违章冒险作业；②该煤矿安全管理机构不健全，没有专管安全的副矿长，井下作业以包带管，没有专职技术人员，没有制定符合实际的规章制度、作业规程、灾害预防计划，没有采取有效的井下探放水安全技术措施；③矿井采用非正规采煤方法生产，超能力多点出煤，对矿井存在的重大透水事故隐患重视不够，防范措施不落实；④矿长及井下作业人员安全意识淡薄，工人安全技术素质差；⑤该煤矿所在市相关部门，对已发现的越界开采违法行为，没有采取有效措施加以制止，致使煤矿越界巷道长达248米；⑥该煤矿所在市相关部门，虽然下达了停产指令，但没有认真检查并严格按照有关规定，采取有效措施监督管理，特别是对长达2个多月的违法生产行为，没有及时发现并采取果断措施进行制止；⑦该煤矿所在政府对行政区域内停产整顿的煤矿，没有组织有关职能部门进行监督检查。

三、经验教训

这起事故是因该煤矿拒不执行有关部门下达的停产指令，违法组织生产，违章指挥、冒险作业造成的一起重大责任事故。监管不严，没有及时发现违规操作。针对上述问题，防范措施如下：

（1）牢固树立以人为本的安全生产理念，坚持求真务实的工作作风，切实将安全生产工作落到实处，加强管理，防止各类重特大事故的发生。

（2）煤矿所在市政府要尽快落实该市煤矿重大事故应急救援预案，进一步建立和完善市、区两级政府及其有关职能部门的安全生产责任制，认真开展煤矿安全大检查，对安全评价为C、D类的煤矿一律停产整顿，经停产整顿仍达不到安全生产条件的C、D类煤矿，坚决予以关闭。

(3) 国土资源主管部门要加强矿产资源管理，对全市所有煤矿要进行井下实测，发现超层越界开采的违法行为，必须采取有效措施，加以制止和纠正，严禁超层越界开采。

(4) 煤炭管理部门要加大监督管理力度，对不具备安全生产条件违法生产的矿井，要采取切实有效的措施加以制止。对存在瓦斯、水、火及其他重大安全隐患的煤矿，认真进行排查，指导、督促煤矿企业制定有针对性的防范措施，并严格贯彻执行。

(5) 煤矿企业必须建立和完善安全生产技术管理制度，对于周边有水害威胁的矿井，必须严格按照“有疑必探，先探后掘”的原则，制定相应的探放水安全技术措施后，方可进行作业。

(6) 有关部门要加大对煤矿作业人员的安全培训力度，对煤矿企业的用工制度，职工安全培训教育情况进行有效的监督。

一、矿井透水事故的易发地点

矿区内大气降水、地表水、地下水通过各种通道涌入井下，称为矿井涌水。当矿井涌水量超过矿井正常排水能力时则会发生水患，称为矿井水灾，通常也称透水。矿井水主要来源于地表水、地下水、老空水和断层水。

透水事故的易发地点主要有：

(1) 开采江、河、湖、海、水库等地表水影响范围内的煤层时，因洪水暴发冲破位于低洼地势的矿井井口围堤；或者由于矸石、炉灰等堆积场选择得不合理，雨季被山洪冲动淤塞河道或沟渠，造成洪水位高出拦洪堤坝，于是洪水直接由井口灌入矿井和冲毁建筑物而产生水害。

(2) 当井筒在冲击层或在基岩强含水层中凿井时，若事先未进行特殊处理就会涌水，特别是砂砾层会出现水沙一齐涌出，严重时会造成井壁坍塌、沉陷、井架偏斜。当含水层与地表水连通时，还会造成河流漏失或断流。

(3) 巷道在顶板风化破碎的煤层中施工，由于支护不当而产生冒顶，或采煤工作面上方防水岩柱不够，冒落高度和导水裂缝涉及河、湖等地表水体或强含水层，都会造成透水。

（4）巷道直接与断层另一侧强含水层相接触并为其局部所掩盖而造成透水。

（5）由于隔水岩柱的抗压强度抵抗不住静水压力和矿山压力的共同作用，从而引起底板岩石形变而透水，这往往需要一定的时间，有时也在巷道掘进过后数月才发生“缓发型”透水。

（6）由石灰岩溶洞塌落所形成的陷落柱内部岩石破坏、胶结不良，往往会构成岩溶水大量涌入矿井。

（7）处理不当或封孔质量不佳的钻孔，在一定水文地质条件下可成为各水体之间或含水层之间联系的通道。当巷道接近或揭露这些钻孔时，地表水或地下水便可经钻孔进入矿井，造成强烈涌水，尤其在有可溶岩的煤田更为严重。

（8）巷道接近或遇到老窖、停止排水的旧巷道的集水区时，往往在短时间内涌出大量水，且来势凶猛，具有很大的破坏性。

二、矿井透水事故前的预兆

矿井透水是因为井下采掘活动破坏了岩体天然平衡，采掘工作面周围水体在静水压力和矿山压力作用下，通过断层、隔水层和矿层的薄弱处进入采掘工作面。矿井透水这一现象的发生与发展是一个逐渐变化的过程，有的很快（一两天或更短），有的较慢（采掘后半个月或数日）。从开拓工作面开始，发展到透水时间内，在工作面及其附近显示出某些异常现象，这种异常统称透水预兆。透水前的预兆通常有以下几种：

（1）煤壁挂红。这是因为水中含有铁的氧化物，在通过煤层或岩层裂隙时，附着在裂隙表面的暗红色水锈。一般据此判断巷道接近积水区。

（2）煤壁挂汗。当采掘工作面接近积水区时，因水在自身压力作用下，通过煤岩裂隙透过煤岩壁，形成水珠。

（3）空气变冷。工作面接近积水区时，气温会骤然下降，煤壁发凉，人一进去有阴冷的感觉，时间越长就越感到阴冷。但有地热问题的矿井，地下水温高，当掘进工作面接近时，温度反而会升高。

（4）发生雾气。当巷道内温度很高时，积水渗到煤壁后，会因蒸发而形成雾气。

（5）在采掘工作面中，若在煤壁、岩层内听到“吱吱”的水叫声时，则为大水向裂隙挤压发出的响声，说明离水体不远即将透水，这时必须立即发出警报，撤出所有受水威胁地点的人员。

（6）顶板淋水加大。这表明已接近积水区。

（7）水色发浑，有臭味。这是接近老空区积水的象征。

（8）底板鼓起。底鼓有两种原因：一种是底板承压含水体静水压力和矿山压力共同作用的结果，这是透水预兆；另一种是受矿山压力单方面作用而产生底鼓，一般不突水。当发生底鼓时，要监视底鼓的发展变化，并报告矿井调度室，由技术人员调查核实确定底鼓原因。若是前种原因，必须采取措施：先在底鼓地段铺设密集地梁，打木垛控制底鼓发展。在底鼓基本被控制情况下，可在底鼓地段外侧打钻孔放水卸压。

（9）工作面有害气体增加。积水区通常会向外散发出瓦斯、二氧化碳和硫化氢等有害气体。

（10）涌水，即水已涌出。

三、矿井透水事故的应急避险

1. 应急避险的措施

（1）在突水迅猛、水流急速的情况下，现场人员应立即避开出水口和泄水流，躲避到硐室、拐弯巷道或其他安全地点。如情况紧急来不及转移或躲避，可抓牢棚梁、棚腿或其他固定物体，防止被涌水打倒或冲走。

（2）当老空水涌出，使所在地点有毒有害气体浓度增高时，现场人员应立即佩戴好隔离式自救器。在未确定所在地点空气成分能否保证人员生命安全时，禁止任何人随意摘掉自救器的口具和鼻夹，以避免中毒窒息事故发生。

（3）井下发生突水事故后，不允许任何人以任何借口在不佩戴防护器具的情况下冒险进入灾区；否则，不仅达不到抢险救灾的目的，反而会造成自身伤亡，扩大事故。

（4）水害事故发生后，现场及附近地点的工作人员在脱离危险后，应在可能的情况下迅速观察和判断突水的地点、涌水的程度、现场被困人员的情况等并立即报告矿井调度。同时，应利用电话或其他联络方式及时向下部水平和其他可能受到威胁区域的人员发出警报通知。

2. 发生透水事故后撤离现场时的注意事项

（1）撤离前，应当设法将撤退的行动路线和目的地告知矿井领导。

（2）在条件允许的情况下应迅速撤往透水地点以上水平，尽量避免进入透水点附近及下方独头巷道。

（3）行进中应靠近巷道一侧，抓牢支架或其他固定物体，尽量避开压力水头和泄水主流，并注意防止被水中滚动的矸石和木料撞伤。

（4）当因透水破坏了巷道中的照明和指路牌而迷失行进方向时，遇险人员应朝着风流通过的上山巷道方向撤退。

（5）在撤退沿途和所经过的巷道交叉口，应留设指示行进方向的明显标志，以提示救援人员注意。

（6）撤退巷道如果是竖井，人员需从梯子间上下，这时应保持好次序，不要慌乱和争抢。行动中手要抓牢，脚要蹬稳，切实注意自己和他人安全。

（7）撤退中，如因冒顶或积水造成巷道堵塞，可寻找其他安全通道撤出。在唯一出口被堵塞无法撤退时，应组织好避灾，等待救护人员营救，严禁盲目潜水等冒险行为。

3. 矿井水灾事故的紧急救援

（1）发生水灾事故后，应立即组织撤出受灾地区和灾害可能波及区域的全部人员。

（2）发现有人被堵井下时，各级领导应首先制定营救措施，判断被堵人员可能躲避的地点，分析其生存条件，制定营救方案，并根据涌水量和排水能力，估计排除积水的时间。

（3）立即通知泵房人员加大排水力度，将水仓水位降到最低程度，争取较长的缓冲时间。

（4）检查所有排水设施和输电线路，了解水仓现有容量，派人清挖水沟。如果水中夹带大量泥沙、浮煤时，可在水仓进口处修筑临时分段挡墙，以减少水仓淤积。

（5）水文地质人员应测量涌水地点，涌水量大小及其变化，分析判断突水来源和最大涌水量，以及突水发展趋势，为防止淹井采取必要措施提供依据。

（6）检查防水闸门关闭是否灵活、严密，并清楚淤渣，撤除短轨和架空线，派专人看守，待命关闭。

（7）在查明地面水体与突水有关联时，应迅速派人进行堵截，减少补给量。

（8）当排水能力负担不了涌水量时，争取将涌水量引入下山巷道、筑坝蓄水、关闭防水闸门，以延长缓冲时间，争取时间增加排水设备，保住矿井。

（9）当采取上述措施仍不能阻挡淹井时，应吩咐井下人员迅速向安全出口撤退，安全出井。

第三节　煤矿爆破事故的认识与防治

案例 **典型案例**
dianxinganli

一、事故经过

上午8：00，某矿掘进队长周德良安排欧立军、周任勋、唐凤明、欧再良、欧菊良等人到井下17米水平二石门作业，随后自己也下了井。下井后，欧立军和周任勋在左开门掘进当头打眼放炮，欧立军是带班长，周任勋是放炮员；欧再良和欧菊良在右开门（距左开门13米）掘进工作面出泥巴；周德良和唐凤明准备探水钻机。上午9点多，放完一排炮后重新布置了18个炮眼，并按正常装药量装好炸药，准备放第二排炮，起爆地点设在二石门的回风巷内，距二石门运输大巷3.6米，距掘进放炮工作面约40米。放炮前，带班长欧立军把右开门掘进工作面的欧再良、欧菊良喊出来，要周任勋到刘冬山采煤队喊了三声“放炮了”。周任勋喊完“放炮了”后，回到起爆地点，大约10点钟，欧立军就正式发令放炮。听到喊声，周德良和唐凤明、欧再良、欧菊良都到刘冬山采煤工作面躲炮。此时，当班安全员谢国清也来到东二石门，到刘冬山采煤工作面简单看了看，认为是欧铁山当班就放心，没多逗留就赶往即将放炮的掘进工作面。谢国清没有检查和询问是否要放炮了，就径直赶往将要放炮的工作面，在他到掘进工作面开门口时，正赶上周任勋通电放炮，一声炮响，爆破产生的飞石打在他头部，致使他重伤倒地。

二、事故原因

1. 直接原因

①现场作业人员违章操作，未设置放炮警示牌板，未布置专人进行放炮警戒就进行放炮作业，导致放炮作业时安全员误入放炮作业现场。

②安全员在进入作业现场前没有询问和检查作业现场是否准备放炮，就冒险进入放炮作业当头，被爆破产生的飞石击中头部。

2. 间接原因

①对从业人员的培训和教育不到位。作业人员未全部参加培训，新老职工都只培训不到16小时，没有认真组织学习爆破作业的安全规定，安全培训流于形式，没有针对性，没有实用性，导致从业人员安全意识淡薄，不能自觉抵制各种违章行为。

②特种作业人员培训不到位。4个放炮员只有2个经培训取得过特种作业操作资格证，其中1个到期未参加复训换证，另外2人无证上岗，只是经宁乡县公安局培训取得了放炮员上岗证，没有经过系统的井下安全知识培训，安全意识淡薄。

③安全生产现场管理不到位。安全生产管理人员到现场检查时，没有发现放炮作业未设置警示牌、未布置专人进行警戒的违章行为，没有及时指出和制止违章操作；且下井跟班的副矿长出早班，没有认真全面的检查井下作业工作面，安全检查流于形式。

④安全生产责任制、作业规程落实不到位。没有认真组织从业人员学习作业规程，作业时安全技术措施没有落实到位，没有按规定执行“一炮三检”和“三人连锁放炮”制度。

三、经验教训

（1）严格按规定执行“一炮三检”和“三人连锁放炮”制度。按照作业规程的规定放炮前在警戒线处设置警示牌板，在警戒线和可能进入放炮地点的区域布置专人进行警戒。

（2）严格落实安全生产责任制。按照安全生产管理权限，层层落实，责任到人，做到每项工作都有责任人负责监督管理，形成从上到下层层负责的模式，消除安全管理上的漏洞。

（3）加强现场安全管理，严格落实矿领导带班下井值班制度和隐患排查、治理、报告制度。做好井下现场值班工作，严禁矿领导带班下井出现空班、晚进早出的现象；配备足够数量的专职安全员和瓦斯检查员，安全员和瓦斯检查员要切实负起安全隐患检查的职责，不得出现漏检、少检以及走过场的现象。

（4）强化安全教育培训。严格按照《矿山安全法》的有关规定对本矿职工进行安全教育培训，经考试合格后方可安排上岗；安全管理人员和特殊工种要经培训考核合格，持证上岗；把已编制完善的作业规程传达给每个职工；加强对从业人员的劳动纪律教育，切实提高职工的安全意识和自保、互保、联保能力，自觉抵制各种“三违”现象，杜绝违章行为。

在我国，中小型煤矿企业基本上采用钻眼爆破法进行矿井巷道工程及煤炭开采生产。在一些重点煤矿，钻眼爆破法仍然是破碎岩石的主要手段，由此带来的煤矿爆破方面的事故也较为突出。据有关数据统计，放炮崩人死亡人数占全国煤矿生产事故死亡总人数的3.35%。因此，做好煤矿爆破事故的预防及治理越来越成为煤炭企业面临的突出问题。爆破事故的原因有多种，主要有爆破材料和操作工艺两个方面的因素。

一、煤矿爆破事故原因

（一）爆破材料

1. 雷管问题

（1）雷管质量不合格造成电阻过大或不稳定，甚至断路，导致通电不良或不导通。

（2）储存或使用中，使引爆药头受潮、变质等，致使雷管起爆敏感度急剧下降而无法起爆。

（3）混用了不同雷管，因其阻值差异较大，易造成瞎炮。

2. 炸药问题

（1）使用受潮、硬化变质的炸药，导致药卷不爆。

（2）使用普通硝铵炸药时，炮眼间距过小，而雷管起爆时差选用过大，易造成瞎炮。

（3）在潮湿和有水的作业条件下，使用了非抗水型炸药，或使用抗水型炸药而未套防水套或防水套漏水浸湿失效，以及药卷之间有煤粉、岩粉，造成药卷不衔接、密接，导致炸药拒爆。

（二）操作工艺

（1）爆破网路中接线虚联，造成接头电阻增加并影响接头导通，使起爆雷管的发火冲能过小而产生拒爆。爆破网路部分接线漏联，形成断路。

（2）网路中裸露接头或破损处与外界导体、潮湿物体接触造成漏电，导致雷管不爆。

（3）装药和装填炮泥，用炮棍送药用力过大，炸药被压实，使其敏感度降低。

（4）雷管脚线被捣断、绝缘皮被捣坏或裸露接头互相接触，造成断路或漏电使雷管不爆。

（5）引药中雷管位置放置不合理或装药时引药中的雷管脱离了原来的位置。

（6）爆破网路连接的雷管数目超过发爆器的起爆能力。

（7）放炮器电能不足，使局部网路中的电流小于雷管的准爆电流，造成雷管不爆。

二、煤矿爆破事故预防措施

爆破在煤矿生产中被广泛应用，由于使用中的失误能量意外释放，容易导致爆破事故的频繁发生。炸药爆炸时的危害主要是产生爆炸地震、空气冲击波、飞石和噪声等，一旦失控，就会造成事故。要避免这些危害必须按照规程操作，确保必要的安全距离并采取相应的安全技术措施。

（一）爆破安全距离和操作进规程

爆破如果处理不当，会有些岩块飞散很远，对人员、机具和建筑物造成危害。

《煤矿安全规程》规定，瓦斯矿井中爆破作业，爆破工、班组长、瓦斯检查员都必须在现场执行“一炮三检”制度和“三人连锁爆破制”。

（1）“一炮三检”制度是指在采掘工作面装药前，爆破前和爆破后爆破工、班组长和瓦斯检查员都必须在现场，由瓦斯检查员检查瓦斯；爆破地点附近20米以内风流中瓦斯浓度达到1%时，不准装药、爆破；爆破后瓦斯浓度达到1%时，必须立即处理，切不准用电钻打眼。

执行“一炮三检”制度，是为了加强爆破前瓦斯检查，防止漏检，避免在瓦斯超限情况下爆破。

（2）“三人连锁爆破制”是指爆破前，爆破工在检查联线无误后将警戒牌交给班组长；班组长接到警戒牌后，在检查顶板、支架、上下出口、风量等无问题，清点人员无误后下达爆破命令，并将自己携带的命令牌交给瓦斯检查员；瓦斯检查员经检查爆破地点附近20米内风流中瓦斯浓度在1%以下，煤尘符合规定时，将自己携带的爆破牌交给爆破工；爆破工发出爆破口哨进行爆破。爆破后三牌各归原主。

“三人连锁爆破制”是爆破工、瓦斯检查员和班组长以换牌连锁方式，相互制约和监督，以确保爆破安全的一项管理制度，可以防止爆破混乱、爆破警戒不严或警戒不落实造成的爆破崩人事故。爆破前认真检查顶板、支架及瓦斯、煤尘落实情况，可以防止避免因爆破而引起的冒顶或瓦斯、煤尘燃烧或爆炸事故。

（二）爆破事故的预防

1. 严格按照操作规程进行

爆破作业人员必须取得爆破员的资格；各种爆破都必须编制爆破设计书或爆破说明书。设计书或说明书应提供具体的爆破方法、爆破顺序、装药量、点火或连线方法、警戒安全措施等；爆破过程中，必须撤离无关人员。严格遵守爆破作业的安全规程和安全操作细则。

2. 装药、充填

装药前必须对炮孔进行清理和验收，并使用竹木棍装药，禁止用铁棍装药。在装药时，应禁止烟火、禁止明火照明。在扩壶爆破时，每次扩壶装药的时间间隔必须大于15分钟，预防炮眼温度太高导致早爆；除深裸露爆破外，任何爆破都必须进行药室充填，填塞要十分小心，不得破坏起爆网路和线路。

3. 设立警戒

爆破前必须同时发出声响和视觉信号，使危险区内的人员都能清楚地听到和看到，地下爆破应在相关的通道上设置岗哨，地面爆破应在危险区的边界设置岗哨，使所有通道都在监视之下，并撤走爆破危险区的全部人员。

4. 点火、连线、起爆

采用导火索起爆，应不少于两人操作，而且必须用导火索或专用点火器材点火。用电雷管起爆时，电雷管必须逐个导通，用于同一爆破网络的电雷管应为同厂同型号。爆破主线与爆破电源连接之前，必须测全线路的总电阻值，总电阻值与实际计算值的误差须小于5%；否则，禁止联接。大型爆破必须用复式起爆线路。有煤尘和气体爆炸危险的矿井采用电力起爆时，只准使用防爆型起爆器作为起爆电源。

5. 爆后检查

爆破后，过一段时间再次确认爆破地点安全，经当班爆破班长同意，发出解除警戒信号，才允许人员进入爆破地点。

6. 盲炮处理

拒爆产生的盲炮包括瞎炮和残炮。发现盲炮和怀疑有盲炮，应立即报告并及时处理。若不能及时处理，应设明显的标志，并采取相应的安全措施，禁止掏出或拉出起爆药包，严禁打残眼。

盲炮的处理主要有下列方法：

①经检查确认炮孔的起爆线路完好和漏接、漏点火造成的拒爆，可重新进行起爆。

②打平行眼装药起爆。对于浅眼爆破、平行眼距盲炮孔不得小于0.3米，深孔爆破平行眼距盲炮孔不得小于10倍炮孔直径。

③用木制、竹制或其他不发火的材料制成的工具，轻轻地将炮孔内大部分填塞物掏出，用聚能药包诱爆。

第四节　矿井运输事故的认识与防治

案例 **典型案例**
dianxinganli

一、事故经过

采煤一队零点班在113514工作面回采，早班9时左右，班长安排张某帮机头小组打柱子，工作完成后曹某让张某到工具房交工具准备升井。因验收员发现该组有3根支柱迎山不合格，验收员准备交早班处理，曹某考虑到要扣产量，就独自调整支柱迎山角，当调整顺槽溜子机尾支柱时，拔柱过程中不慎跌倒在运行的顺槽溜子机尾上，被拉到工作机头与顺槽溜子搭接处挤压致伤。工作面溜子司机发现以后，立即给顺槽溜子司机摇灯停机，停机后将曹某救出，送医院经抢救无效，于当日14时40分死亡。

二、事故原因

1. 直接原因

曹某工作时不慎跌倒在运行的顺槽溜子上，被拉至工作面溜子机头，挤伤致死。

2. 间接原因

煤矿企业对职工的安全教育不够，职工技术素质低，辨险识险能力差；现场安全监督、生产管理不到位。

3. 重要原因

独立回柱，违章作业。职工对周围的工作环境未认真观察，站立位置不正确，拔柱过程中，用力不当，跌倒在运转的溜子上；顺槽溜子机尾偏长，缩短不及时；工作面溜子与顺槽溜子无信号联络装置，致使顺槽溜子未能及时停止运转。

三、经验教训

该起事故发生的最主要原因是作业人员在无任何监护的情况下违章作业。具体来讲，有如下几个方面：

（1）发生事故的班组属于零点班，而发生事故的时间在早班9时左右，职工作业时间长达9个小时，身心疲惫，注意力分散，自我防范意识相对较差；对周围环境的观察不细、存在许多漏洞，对违章行为的意识较差；在作业过程中因体力下降容易出现失误，发生失误时的自救能力相对下降。所以，缩短职工的劳动作业时间，是预防事故的一个重要途径。

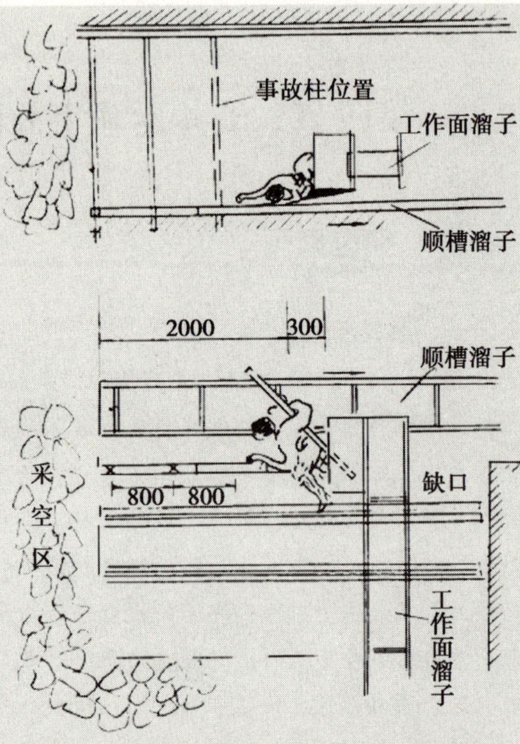

图3－3　运输事故现场示意图

(2) 事故当事人在已经疲乏的状态下，单独作业，无任何监督、监护措施，操作者出现失误和违章，得不到及时纠正；发生事故得不到及时救援和帮助。当班验收员虽然将事故地点的支柱调整工作安排给了早班，却未将该项工作真正落到实处。在安排工作后，未进行现场监督，致使曹某因担心扣产量而单独、违章作业。

(3) 在早班还未进入工作面，支护作业还未结束期间，工作面刮板输送机却在正常运转。说明工序组织混乱，机电设备运转制度不全、监管不力，当班溜子工违章操作，班长和盯面安监员应负监管不力之责。

(4) 机电运输设备安全防护和保护设施不完善，设备的安装不符合要求，信号联络不畅等，是造成该起事故的另一重要原因。由此说明，健全机电设备的安全防护、保护装置，实现设备、设施和物的本质安全，是预防事故发生的基本保证。

(5) 加强对职工的教育和培训，提高职工的自保互保意识和整体素质，狠抓煤矿安全生产的源头管理，是要解决的根本问题。煤矿要采取措施避免职工延时晚点、疲劳作业，杜绝“重产量、轻安全”的现象。

一、矿井运输事故的原因

（一）常见矿井运输事故

（1）行走时，不注意前、后来往的车辆，遇到车辆运行躲避不及时，造成伤亡事故。

（2）不遵守井下的有关规定，在爬车、蹬车时造成挤伤、摔伤、碰伤或触电。

（3）爆破工在运送爆炸材料时，不按规定运送，使雷管受挤压或震动过大而爆炸伤人。

（4）乘坐乘人车时身体伸出车外，车未停稳就急忙上、下车，从而被刮伤、挤伤。

（5）人力推车时，不注意前、后行人和车辆，或放飞车，或违反《煤矿安全规程》规定，一人推一部以上车辆，造成碰伤、撞伤、挤伤等伤人事故。

（6）巷道断面太小或侧向推车，造成行人碰伤、挤伤甚至死亡事故。

（二）矿井常见运输事故的原因

（1）行人违章。如爬车、蹬车，列车运行时在巷道中间行走。

（2）司机违章作业。如违章顶车；推车人一人推一部以上车辆；推车人侧向推车。

（3）运输管理不严密。如巷道中杂物多、巷道变形未及时修复；缺少必要的阻车器、信号灯。

二、矿井运输事故的预防措施

（1）遵守运输管理各项规章制度，严禁爬车、蹬车。

（2）遵守人力推车规定。人力推车时，人员必须注意前方，在开始推车、发现前方有人或障碍物及接近岔道、弯道、巷道口、风门、硐室出口时，推车人必须发出信号；严禁放飞车；同方向推车时轨道坡度小于或等于5‰，两车间距不得小于10米；坡度大于7‰时，严禁人力推车。

（3）严格运输管理。电机车司机必须持证上岗；严格执行《操作规程》和《岗位责任制》；定期检修机车及矿车。

（4）巷道断面按规定施工，矿井轨道按标准铺设，并加强维护。

（5）在巷道中行走时，要走人行道，不要在轨道中间行走，不要随意横穿电机车轨道、绞车道，携带长件工具时，要注意避免碰伤他人和触及架空线，当车辆接近时要立即进入躲避硐室暂避。

（6）在横穿大巷，通过弯道、交叉口时，要做到“一停、二看、三通过”；任何人都不能从立井和斜井的井底穿过；在兼作行人的斜巷内行走时，按照“行人不行车，行车不行人”的规定，不要与车辆同行。

（7）不能擅自进入钉有栅栏和挂有危险警告牌的地点；不可强行通过爆破警戒线、进入爆破警戒区。

（8）路过有人正在工作的地方，一定要先打招呼，以免掉物碰人。

（9）行走过程中，要随时注意井巷里的各种信号、来往车辆，不要大声说笑、吵架和打闹。

第五节　矿井用电安全

案例　典型案例

dianxinganli

一、事故经过

综采二队将2502工作面37－45架片帮维护好后，发现二部皮带一处接口拉开，4点30分左右处理完后，准备开机生产，煤机不能起动。随即当班电工检查电缆及开关，开关检查后更换二回路从板，煤机仍然不能起动。当班电工在未停电的情况下，继续用螺丝刀在开关内检修，造成一回路接触器两相短路，弧光将其左手及面部烧伤。

二、事故原因

1. 直接原因

当班电工违反规定，冒险、盲目打开开关检修。未严格执行《煤矿安全规程》第四百四十五条规定：“井下不得带电检修、搬迁电气设备、电缆和电线”；检修开关时实际上是仅将六组合开关本身的二回路、三四回路、五六回路的隔离开关拉开，而未将上一级移变低压电源断开，致使六组合开关电源侧及一回路仍带电，直接检修。

2. 间接原因

当班班长未尽到职责，发现电工独自检修开关时未制止、未安排专人停送电。当班跟班干部检查管理不到位，对电工检修开关仅仅过问是否停电，疏于管理，但未对停送电情况认真仔细检查。当班安检员，现场监督检查不到位。

三、经验教训

（1）严格执行停送电管理制度，严禁带电检修、搬迁电气设备。

（2）加强对机电设备检修人员日常操作行为的检查，做到规范操作，杜绝习惯性违章现象发生。

（3）加强对职工安全知识及业务技能培训，提高安全意识及业务技术水平。

电为改善矿井作业职工的劳动条件，提高采矿生产率，发挥了巨大的作用，但如果对电的管理不善，检查使用不当，会带来许多不安全因素。电具有传速快、看不到、摸不着、听不见等特点，尤其是井下电气设备的工作条件较为特殊，空间狭窄、环境较暗、空气潮湿以及电气设备和电缆易受砸、碰压而使绝缘体损坏，所以井下极易发生人身触电事故。因此，为确保矿井安全用电，必须严格遵守相关规定。

一、电气及保护

（1）井下高压网路的短路容量，不宜超过 70 毫伏安。使用未标明井下专用的油断路器时，其最大遮断容量不得超过额定容量的 1/2，从井下中央变配电所或采空区变电所引出的低压馈电线，应装设带有电流保护的自动开关。

（2）用架空线往井下中央变配电所送电时，在井口线路终端及井下配电所一次母线侧，须设避雷装置。

（3）井下变配电所高压馈电线，应设检漏装置，低压母线及送至工作面的馈线，应设断开电源的检漏装置或指示器。

（4）检漏装置必须灵敏可靠，不得任意取消，值班人员每天对其运行情况进行一次检查。

二、机电硐室安全规定

（1）矿井永久性中央变配电所或井底车场内的其他机电硐室，必须砌碹。采区变电所硐室，应用不燃材料支护。硐室的顶板和墙壁应不渗水。

（2）中央变电所的地面，应比入口处巷道轨面高 0.5 米；与水泵房毗邻时，应高于水泵房地面 0.3 米。采空区变电所及其他机电硐室，地面应比入口处巷道轨面高 0.2 米。

（3）长度超过 6 米的变配电硐室，应在两端各设一个出口，并装有向外开的铁栅栏门。有淹没、爆炸、火灾危险的矿井的机电硐室，都应设置防火门和防水门。

（4）硐室内各种电气设备的控制装置，必须注明号码和用途，并有停送电标志。硐室人口必须悬挂“非工作人员禁止入内”的安全标志，高压电气设备必须悬挂“高压危险”的安全标志牌，并应有照明。

三、照明、通信和信号安全规定

（1）矿井所有作业地点、人行道和通往作业地点的人行道，须有良好的照明。

（2）采掘工作面可采用移动式电气照明。有爆炸危险的矿井和采掘工作面，应采用携带式蓄电池矿灯。炸药库的照明应按 GB 6722－2011《爆破安全规程》中的规定执行。

（3）从采区变电所到照明用变压器的 380 伏供电线路，应为专用线，不得与动力线共用。照明电源，应从采区变电所的变压器低压出线侧的自动开关之前引出。

（4）井底车场，主要机电硐室、调度室和采区，均应安装通信装置。井下变电所、主要泵房和主扇风机房，必须有直通地面交换台或调度室的电话。主要运输巷道的各信号室之间，必须安装直通电话。

（5）矿井电气信号，必须能同时发声和发光。提升装置应有独立的信号系统，信号电源电压不得超过 127 伏，并设专用变压器供电。

四、保护接地安全规定

矿井内所有电气设备的金属外壳及电缆的配件、金属外皮等，必须接地。巷道中接近电缆线路的金属构筑物等均应接地。

1. 矿井电气设备保护接地系统的规定

（1）所有需要接地的设备和局部接地极，都应与接地干线连接。接地干线应与主接地极连接，形成接地网。

（2）移动和携带式电气设备，应采用橡套电缆的接地芯线，并与接地干线连接。

（3）矿井所有接地的设备，必须有单独的接地连接线。禁止将几台电气设备的接地连接线串联连接。

（4）矿井所有电缆的金属外皮，都必须有可靠的电气连接，以构成接地干线。

2. 接地极应符合要求

（1）设置在水仓或水坑内的主接地极，应采用面积不小于 0.75 平方米、厚度不小于 5 毫米的钢板制成。

（2）设置在排水沟中的局部接地极，应采用面积不小于 0.6 平方米、厚度不小于 0.4 毫米的钢板，或具有同样面积和厚度不小于 3.5 毫米的钢管制成，并应平放于水沟深处。

（3）设置在其他地点的局部接地极，应采用直径不小于 35 毫米、长度不小于 1.5 米的钢管制作，并直埋入地下，钢管上至少应有 20 个直径不小于 5 毫米的孔。

（4）接地干线应采用截面积不小于 100 平方毫米、厚度不小于 4 毫米的扁钢，或直径不小于 12 毫米的圆钢制成。电气设备的外壳与接地干线的连接线（采用电缆芯线者除外），电缆接线盒两头的电缆金属连接线，应采用面积不小于 48 平方毫米、厚度不小于 4 毫米的扁钢或直径不小于 8 毫米的圆钢。

（5）接地装置的所有钢材，必须镀锌或镀锡。接地装置的连接线，应采取防腐措施。

（6）每个主接地极的接地电阻，由主接地极起至最远的就地接地装置，不得大于2米。每台移动电气设备至接地干线的接地电阻值不得大于1欧。高压系统的单相接地电流大于20安时，接地装置的最大接触电压不应大于40伏。

五、检查与维修安全规定

电气设备的检查与维修，参照表3－1执行。

表3－1 电气设备检查规定

检查项目	检查时间
井下自动保护装置	每季度一次
主要电气设备绝缘电阻	每季度一次
井下全部接地网和总结地网电阻测定	每季度一次
新安装和长期没有运行的电气设备，在合闸前必须测量绝缘和接地电阻	随时

电气设备和变压器使用的绝缘油，一般情况下应每年进行一次理化性能及耐压试验；操作频繁的电气设备使用的绝缘油，必须每半年进行一次耐压试验；不合格的必须及时更换。

矿井电气操作人员必须遵守下列规定：

（1）对重要线路和重要工作场所的停电和送电，以及对700伏以上的电气设备的检修，须经主管电气工程师或技术人员签发工作票，方可进行作业。

（2）操作700伏以上的电气设备，必须使用防护用具（绝缘手套、绝缘鞋、绝缘垫和绝缘台）。

（3）禁止带电检修或搬动任何带电设备。检修或搬动时，必须先切断电源，并将导体完全放电和接地。

（4）停电检修时，所有已切断的开关把手，均应加锁，并且悬挂“有人工作，严禁送电”的安全警示牌。

（5）必须做到一人操作，一人监护，禁止单人操作。

（6）供给移动机械（装岩机、电钻等）电源的橡套电缆，靠近机械的一段，应沿地面敷设，但其长度不得大于15米，中间不得有接头。电缆应安放在适当位置，以免被运转机械所损坏。

知识检测

一、填空题

1. 矿井瓦斯的主要成分是______，瓦斯不助燃，但与空气混合达到一定含量后，遇到高温火焰时能够______。
2. 矿井瓦斯在煤、岩层中以两种状态存在，即______状态和______状态。
3. 矿井瓦斯等级应当依据实际测定的瓦斯涌出量、瓦斯涌出形式以及实际发生的瓦斯动力现象、实测的突出危险性参数等确定。那么矿井瓦斯等级划分为______、______、______。
4. 矿尘有不同的分类方法，按其存在的状态，矿尘可分为______、______。
5. 根据引起矿井火灾的火源的不同，矿井火灾可分为______和______。
6. 矿井火灾发生的三个基本要素是______、______和______。
7. 矿井水主要来源于______、______、______和______。
8. 矿井顶板事故的形式主要有______和______。
9. 巷道中常见的顶板事故按照围岩破坏的部位可以分为：______、______、______三种类型。
10. 煤矿职业病危害因素中，煤矿井下的生产性粉尘有______、______和______。

二、选择题

1. 瓦斯本身无毒，但不能供人呼吸，当空气中的 CH_4 含量大于（　　）时，能使人缺氧而窒息死亡。

   A. 30%　　B. 40%　　C. 50%　　D. 60%

2. 据计算，在天然条件下，煤体中以吸附状态贮存的瓦斯约占（　　），而以游离状态贮存的瓦斯仅占（　　）。

   A. 80%，20%　　B. 85%，15%　　C. 90%，10%　　D. 95%，5%

3. 瓦斯爆炸有一定的浓度范围，我们把在空气中瓦斯遇火后能引起爆炸的浓度范围称为瓦斯爆炸界限。瓦斯爆炸界限为（　　）。

   A. 3%～15%　　B. 5%～16%　　C. 6%～18%　　D. 8%～20%

4. 呼吸性粉尘主要指粒径在（　　）微米（μm）以下的微细尘粒，它能通过人体上呼吸道进入肺区，是导致尘肺病的病因，对人体危害甚大。

A. 3%　　B. 5%　　C. 6%　　D. 8%

5. 在井下，无论任何人发现了烟雾或明火，知道发生了火灾，要立即报告（　　）调度室。

A. 机电室　　B. 井口房　　C. 值班室　　D. 调度室

6. 掘进巷道发生火灾时，应保持（　　），根据现场瓦斯情况，必要时可适当调整风量。

A. 正常通风状态　B. 停止供风状态　C. 反风状态　D. 逆风状态

7. 若矿井发生透水事故，在进行应急避险时发现巷道内安全退路上的指示牌被破坏时，必须朝着有风流通过的（　　）撤离。

A. 水平大巷　B. 独头巷道　C. 上山独头巷道　D. 下山独头巷道

8. 在巷道掘进和支护的基本安全注意事项中，由下向上掘进（　　）的倾斜巷道时，必须将溜煤（矸）道与人行道分开，防止煤（矸）滑落伤人。

A. 150 米　　B. 180 米　　C. 200 米　　D. 250 米以上

9. 硫化氢有浓烈的臭鸡蛋味，能阻碍生物氧化过程，使人体缺氧。当空气中硫化氢浓度达到（　　）时，可使人在极短时间内死亡。

A. 0. 05%　　B. 0. 08%　　C. 0. 1%　　D. 0. 12%

10. 矽肺是由于在职业活动中长期吸入（　　）10%以上的生产性粉尘而引起的肺组织弥漫性纤维化为主的全身性疾病。

A. 游离煤尘　　B. 游离二氧化硅

C. 水泥粉尘　　D. 岩石粉尘

三、名词解释

1. 矿井瓦斯　　2. “一炮三检”制度　　3. 矿井火灾

4. 矿井水灾　　5. 尘肺病

四、简答题

1. 发生瓦斯爆炸时应如何来进行应急避险？
2. 预防外因火灾的主要措施有哪些？
3. 井下发生透水事故前会有哪些预兆？
4. 采煤工作面内局部冒顶事故如何防治？
5. 煤矿职业病中尘肺病的预防措施有哪些？

第四章　煤矿“一通三防”基础知识

第一节　矿井通风

一、矿井空气的主要成分及基本性质

矿井中的空气，大体分为新鲜空气和污浊空气两类。新鲜空气是指井巷中用风地点以前、受污染程度较轻的进风巷道内的空气。污浊空气是指通过用风地点以后、受污染程度较重的回风巷道内的空气。

1. 氧气（O_2）

氧气是维持人体正常生理机能所需要的气体，人体维持正常生命过程所需的氧气量，取决于人的体质、精神状态和劳动强度等。当空气中的氧浓度降低时，人体就可能产生不良的生理反应，出现种种不舒适的症状，严重时可能会导致缺氧死亡。人体输氧量与劳动强度的关系如表 4－1 所示。

表 4－1　人体输氧量与劳动强度的关系

劳动强度	呼吸空气量（升/分钟）	氧气消耗量（升/分钟）
休息	6～15	0.2～0.4
轻劳动	20～25	0.6～1.0
中度劳动	30～40	1.2～2.6
重劳动	40～60	1.8～2.4
极重劳动	40～80	2.5～3.1

矿井空气中氧浓度降低的主要原因有：人员呼吸消耗；煤岩和其他有

机物的缓慢氧化；煤炭自燃；瓦斯、煤尘爆炸。此外，煤岩和生产过程中产生的各种有害气体，也会使空气中的氧浓度相对降低。

《煤矿安全规程》第一百条规定：“采掘工作面的进风流中，氧气浓度不低于20%。”

2. 二氧化碳（CO_2）

矿井空气中二氧化碳的主要来源是：煤和有机物的氧化；人员呼吸；碳酸性岩石分解；炸药爆破；煤炭自燃；瓦斯、煤尘爆炸等。

二氧化碳不助燃，也不能供人呼吸，略带酸臭味，比空气重（其比重为1.52）。二氧化碳在风速较小的巷道中底板附近浓度较大；在风速较大的巷道中，一般能与空气均匀地混合。矿井中二氧化碳浓度过高，容易使人发生窒息危险。

《煤矿安全规程》第一百条规定：“采掘工作面的进风流中，二氧化碳浓度不超过0.5%。”第一百三十五条规定：“矿井总回风巷或一翼回风巷中瓦斯或二氧化碳浓度超过0.75%时，必须立即查明原因，进行处理。”

3. 氮气（N_2）

氮气是一种惰性气体，是新鲜空气中的主要成分，它本身无毒、不助燃，也不供呼吸。但空气中含氮量升高，则势必造成氧含量相对降低，从而也可能造成人员的窒息性伤害。正因为氮气具有的惰性，因此可将其用于井下防灭火和防止瓦斯爆炸。矿井空气中氮气的主要来源是：井下爆破和生物的腐烂，有些煤岩层中也有氮气涌出。

二、矿井空气中主要有毒有害气体

1. 一氧化碳（CO）

（1）特性：一氧化碳是一种无色、无味、无臭的气体。相对密度为0.97，微溶于水，能与空气均匀地混合。一氧化碳能燃烧，当空气中一氧化碳浓度在13%～75%范围内时有爆炸的危险。

（2）主要危害：血红素是人体血液中携带氧气和排出二氧化碳的细胞。一氧化碳与人体血液中血红素的亲和力比氧大250～300倍。一旦一氧化碳进入人体后，首先就与血液中的血红素相结合，致使血红素与氧结合的机会减少，使血红素失去输氧的功能，从而造成人体血液“窒息”。当矿井风流中一氧化碳浓度达到0.08%时，40分钟会使人头痛眩晕和恶心；当矿井风流中一氧化碳浓度达到0.32%时，5～10分钟会使人头痛、眩晕，30分钟引起昏迷、死亡。

（3）主要来源：爆破；矿井火灾；煤炭自燃以及煤尘瓦斯爆炸事故等。

（4）相关规定：《煤矿安全规程》第一百条规定：“矿井空气中一氧化碳的最高允许浓度为0.0024%。”

2. 硫化氢（H_2S）

（1）特性：硫化氢无色、微甜、有浓烈的臭鸡蛋味，当空气中浓度达到0.0001%即可嗅到，但当浓度较高时，因嗅觉神经中毒麻痹，反而嗅不到。硫化氢相对密度为1.19，易溶于水，在常温、常压下一个体积的水可溶解2.5个体积的硫化氢，所以它可能积存于旧巷的积水中。硫化氢能燃烧，空气中硫化氢浓度为4.3%～45.5%时有爆炸危险。

（2）主要危害：硫化氢有强烈的刺激作用，能阻碍生物氧化过程，使人体缺氧。当空气中硫化氢浓度较低时主要以腐蚀刺激作用为主，浓度较高时能引起人体迅速昏迷或死亡。当硫化氢浓度达到0.005%～0.01%，1～2小时后可致人出现眼及呼吸道刺激，当硫化氢浓度达到0.1%时，在极短时间内可致人死亡。

（3）主要来源：有机物腐烂；含硫矿物的水解；矿物氧化和燃烧；从老空区和旧巷积水中挥发出。

（4）相关规定：《煤矿安全规程》第一百条规定：“矿井空气中硫化氢的最高允许浓度为0.00066%。”

3. 二氧化氮（NO_2）

（1）特性：二氧化氮是一种褐红色的气体，有强烈的刺激气味，相对密度为1.59，易溶于水。

（2）主要危害：二氧化氮溶于水后会生成腐蚀性很强的硝酸，对眼睛、呼吸道黏膜和肺部有强烈的刺激及腐蚀作用，二氧化氮中毒有潜伏期，起初中毒者指头会出现黄色斑点，当二氧化氮浓度达到0.01%时，人体即可出现严重中毒现象。

（3）主要来源：井下爆破工作。

（4）相关规定：《煤矿安全规程》第一百条规定：“矿井空气中二氧化氮的最高允许浓度为0.00025%。”

4. 二氧化硫（SO_2）

（1）特性：二氧化硫无色、有强烈的硫磺气味及酸味，当空气中浓度达到0.0005%时即可嗅到。其相对密度为2.22，易溶于水。

（2）主要危害：二氧化硫遇水后生成硫酸，对眼睛及呼吸系统黏膜有强烈的刺激作用，可引起喉炎和肺水肿。当浓度达到0.002%时，眼及呼吸器官即感到有强烈的刺激；浓度达0.05%时，人在短时间内即有致命危险。

（3）主要来源：含硫矿物的氧化与自燃；在含硫矿物中爆破；从含硫矿层中涌出。

（4）相关规定：《煤矿安全规程》第一百条规定：“矿井空气中二氧化硫的最高允许浓度为0.0005%。”

5. 氨气（NH_3）

（1）特性：氨气是无色、有浓烈臭味的气体，相对密度为0.596，易溶于水，在空气中浓度达30%时有爆炸危险。

（2）主要危害：氨气对皮肤和呼吸道黏膜有刺激作用，可引起喉头水肿。

（3）主要来源：爆破工作，用水灭火等；部分岩层中也会有氨气涌出。

（4）相关规定：《煤矿安全规程》第一百条规定：“矿井空气中氨气的最高允许浓度为0.004%。”

6. 氢气（H_2）

（1）特性：无色、无味、无毒，相对密度为0.07。氢气能自燃，其点燃温度比沼气低100℃~200℃。

（2）主要危害：当空气中氢气浓度为4%~74.2%时有爆炸危险。

（3）主要来源：井下蓄电池充电时可放出氢气；有些中等变质的煤层中也有氢气涌出。

（4）相关规定：《煤矿安全规程》第一百三十一条规定：“井下充电室风流中以及局部积聚处的氢气浓度，不得超过0.5%。”

三、矿井气候条件

矿井气候条件是指矿井中空气的温度、湿度和流速三个参数的综合作用，这三个参数也称为矿井气候条件的三要素。人体散热主要是通过人体皮肤表面与外界的对流、辐射和汗液蒸发这三种基本形式进行的。因此，矿井气候对人体的影响主要是热平衡的影响。

（一）空气温度

《煤矿安全规程》第一百零二条规定：

（1）进风井口以下的空气温度（干球温度，下同）必须在2℃以上。

（2）生产矿井采掘工作面空气温度不得超过26℃，机电设备硐室的空气温度不得超过30℃；当空气温度超过时，必须缩短超温地点工作人员的工作时间，并给予高温保健待遇。

（3）采掘工作面的空气温度超过30℃、机电设备硐室的空气温度超过34℃时，必须停止作业。

（4）新建、改扩建矿井设计时，必须进行矿井风温预测计算，超温地点必须有制冷降温设计，配齐降温设施。

（二）空气湿度

空气湿度是表示空气中水汽含量和湿润程度的气象要素。

1. 绝对湿度

单位体积空气中所含水蒸气的质量，叫作空气的“绝对湿度”。它实际上就是水汽密度。它是大气干湿程度的物理量的一种表示方式。通常以1立方米空气内所含有的水蒸气的克数来表示。单位为克/立方米或克/立方厘米。

2. 相对湿度

相对湿度是指一定体积空气中实际含有的水蒸气量与同温度同体积下饱和水蒸气量之比的百分数。井下最适宜的相对湿度为50%～60%，对于湿度过大的情况，常常可从空气温度和风速两方面来调解。

3. 风速

井巷和采掘工作面的风速过低或过高都不好。风速过低，汗液不易蒸发，热量不容易散掉，容易使人感到闷热、不舒服，还容易导致积聚瓦斯和矿尘；风速过高时，容易使人感冒，矿尘飞扬，对安全生产和工人身体健康都不利。

《煤矿安全规程》中对井巷中的风速有明确规定：掘进工作面岩巷风速为0.15～4米/秒；半煤岩巷、煤巷风速0.25～4米/秒；采区进回风巷不大于6米/秒；主要进回风巷不大于8米/秒。

四、矿井通风方式

矿井通风系统是矿井通风方法、通风方式和通风网络的总称。也就是说，矿井已开掘出进、出风井巷和具备一定的通风动力设备，并且在进出风井巷之间，建有控制风流的设施，使矿井的进风流和排风流，都能按照预定的路线，通过采区和工作面以及需要通风的地点或场所，并有效地排出各种有害气体。对某一矿井来说，只要具备了以上这些条件，就具备了矿井通风系统。矿井通风方式，根据矿井进风井与出风井相互位置的不同，有以下几种方式。

（一）中央式通风

中央式通风是指进风井和回风井大致位于井田走向的中央，中央式通风又分为中央并列式和中央分列式两种形式。

中央并列式通风方式是进风井和回风井都布置在矿区井田的中央，两风井相隔很近（一般相距30～50米）（如图4－1所示）。

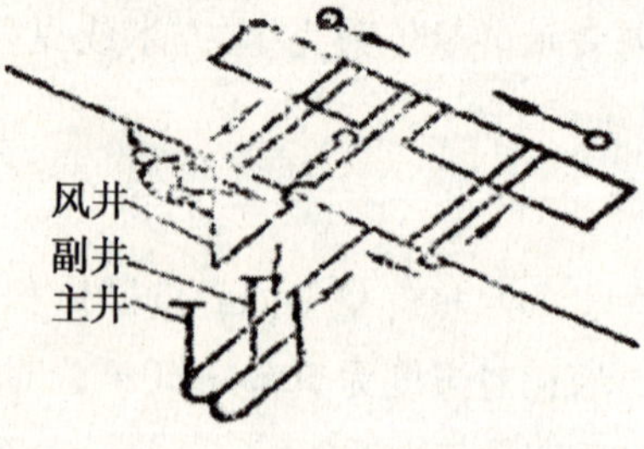

图4－1　中央并列式通风方式

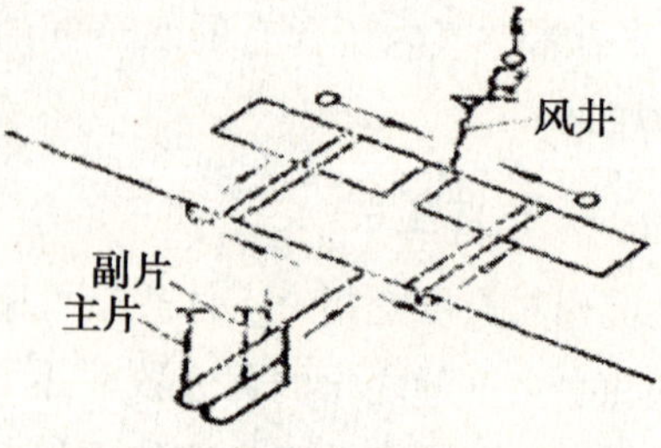

图4－2　中央分列式通风方式

中央分列式通风方式是进风井布置在矿区井田中央，而回风井则布置在矿区井田上部边界沿走向的中央，两井相隔一定距离（如图 4－2 所示）。

（二）对角式通风

对角式通风是指进风井位于井田中央，回风井分别位于井田浅部走向两翼边界采区的中央，对角式通风又分为两翼对角式和分区对角式两种形式。两翼对角式是进风井布置在矿区井田的中央，两个风井分别布置在矿区井田两翼上部，如图 4－3 所示。分区对角式是指各个采区的上部都开回风井，不开主要回风巷，这种方式叫分区对角式，如图 4－4 所示。

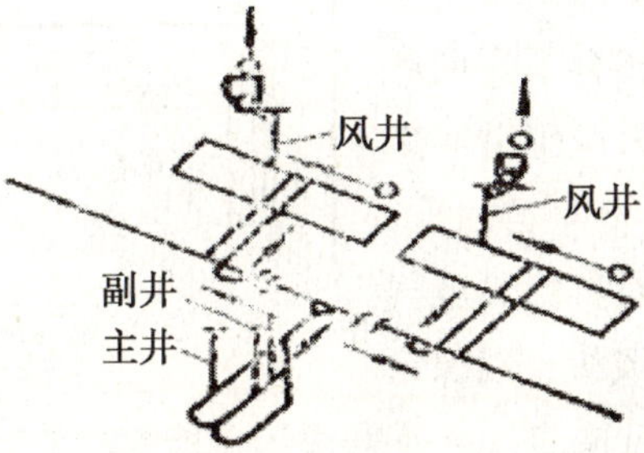

图 4－3 两翼对角式

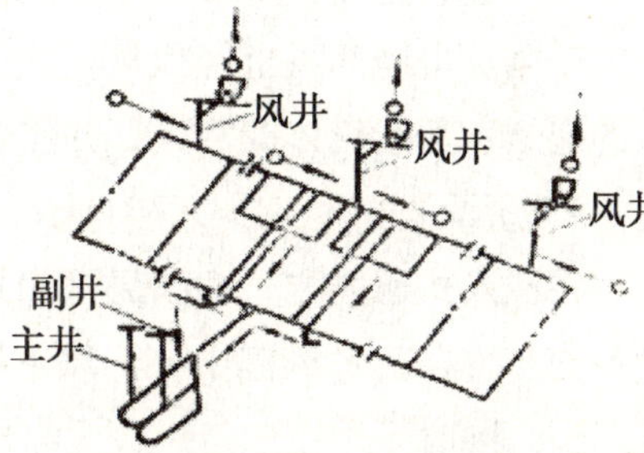

图 4－4 分区对角式

（三）混合式通风

混合式通风是大型矿井和老矿井进行深部开采时常用的一种通风方式。例如，中央并列式与两翼对角式组合（如图 4－5 所示）；中央分列式与两翼对角式组合（如图 4－6 所示）。

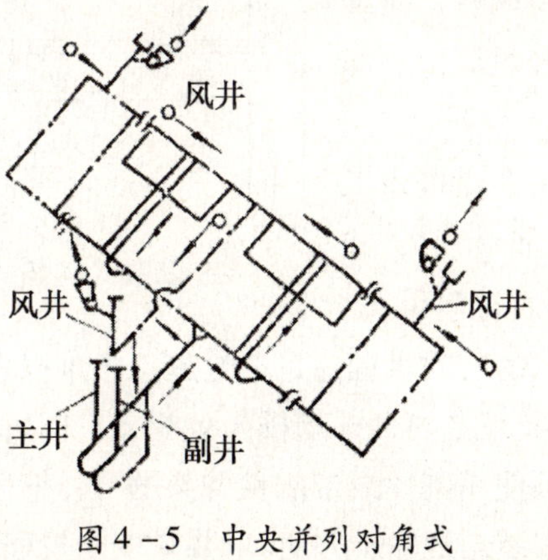

图 4－5 中央并列对角式

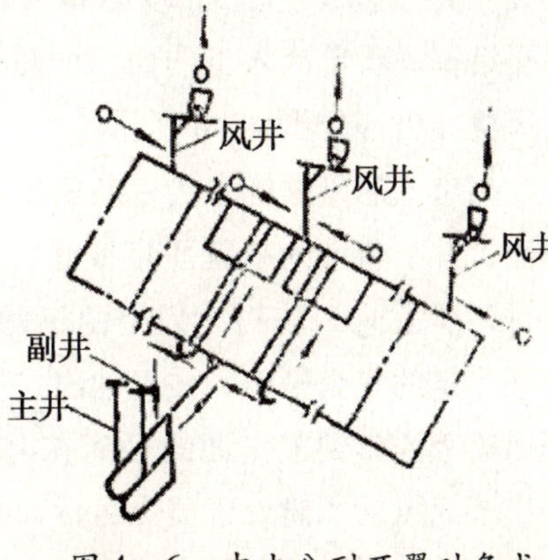

图 4－6 中央分列两翼对角式

五、掘进巷道通风

按照掘进巷道通风动力形式不同，其通风方式主要分为3种：局部扇风机通风、矿井总风压通风及引射器通风。出于安全和自动化需求，局部扇风机通风是目前掘进巷道的主要通风方式，包括压入式、抽出式和混合式3种类型。

（一）压入式通风的特点

局部通风机及其附属电气设备安装于新鲜风流中，距掘进巷道排风口的距离大于10米。掘进工作面所需风量由局部风机经风筒送入，以稀释工作面产生的炮烟、瓦斯气体等污风，并经巷道出口排出（如图4－7所示）。

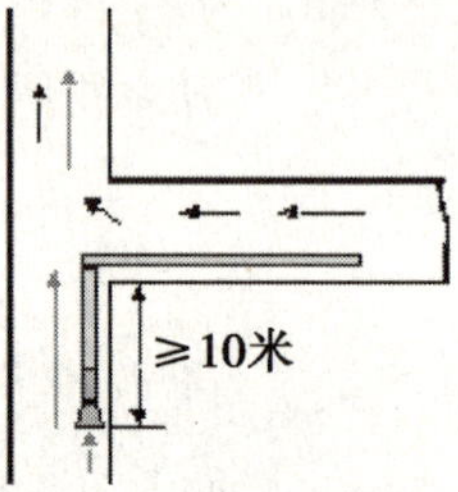

图4－7　压入式通风

在压入式通风方式中，局部扇风机及其附属电气设备均布置在新鲜风流中，污风不通过风机，以保证安全性。同时采用正压送风，风筒出口风速高，有效射程远，能够较快地将污风排出，且对风筒的材质要求低，即可使用硬质风筒，也可使用柔性风筒。因此，压入式通风方式在我国煤矿掘进巷道中应用最广泛。

（二）抽出式通风的特点

抽出式通风是指将局部扇风机和附属电气设备安设在离掘进巷道出口10米以外的回风侧，新鲜风流沿掘进巷道流入工作面，而污风经风筒由局部扇风机抽出（如图4－8所示）。

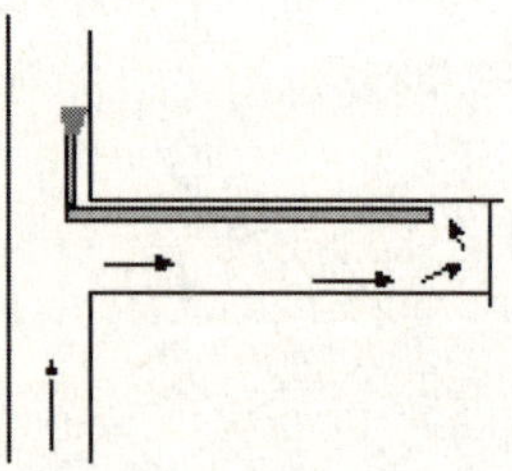
图4－8 抽出式通风

抽出式通风的优点为：新鲜风流沿巷道进入工作面，整个巷道内空气质量较好，劳动环境好，巷道排污所需时间较短。但是由于污风通过扇风机，存在一定的安全隐患，并且抽出式通风的有效吸程短，掘进施工中难以保证风筒吸入口到工作面的距离在有效吸程之内，排烟排尘效果差。同时，抽出式通风的风筒处于负压运行，必须使用刚性或带刚性骨架的可伸缩风筒而无法使用柔性风筒，成本较高，安装与运输不方便。《煤矿安全规程》

规定：煤巷、半煤岩巷和有瓦斯涌出的岩巷的掘进通风方式应采用压入式，不允许使用抽出式，因此，抽出式通风在我国煤矿企业生产过程中应用较少。

（三）混合式通风的特点

混合式通风方式，是压入式和抽出式两种通风方式的联合运用，由两台局部风机组成，其中一台局部通风机向工作面压入式通风，另外一台作抽出式通风（如图4－9所示）。这种通风方式具体又可分为长压短抽、长抽短压两种，其中前者指压入风机布置在新鲜风流中，压入风筒沿巷道全长布置，抽出风筒与除尘风机则随着工作面延伸而前移；后者指抽出风筒从位于回风道内的除尘风机开始并接至工作面，小功率压入风机只作为辅助通风设备安装于掘进巷道内，仅起到吹散稀释顶板、工作面瓦斯，提高工作面风速和加速粉尘炮烟排出的作用。

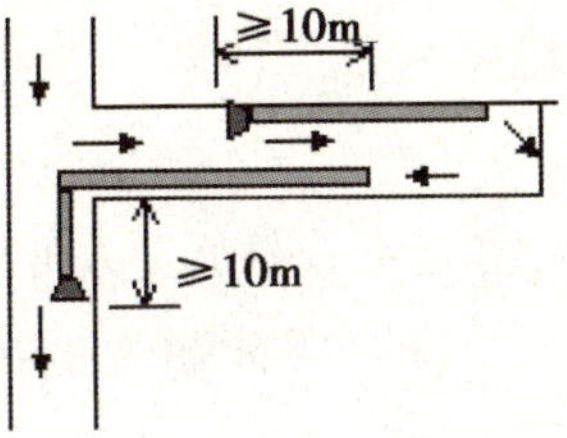

图4－9 混合式通风

混合式通风兼有抽出式与压入式通风的优点，通风效果好，是适用于大断面长距离岩巷掘进的通风方式。但采用混合式通风也存在明显的缺点：电能消耗大，管理比较复杂，并且降低压入式与抽出式两列风筒重叠段巷道内的风量，当掘进巷道断面较大时，此区域风速较小，必须制定安全措施。

六、通风机的管理规定

矿用通风机按范围分为主要通风机（主扇）、辅助通风机（辅扇）和局部通风机（局扇）3种类型。主要通风机是安装在地面的可供全矿、一翼或一个分区使用的通风机。按照通风方式的不同，主要通风机可分为离心式通风机和轴流式通风机。辅助通风机是用以辅助主要通风机工作，以保证某一分区有足够的风量而安设的通风机。局部通风机是供井下局部通风（主要是掘进通风）使用的通风机。

《煤矿安全规程》对主要通风机安全运行有明确的要求：

（1）主要通风机必须安装在地面；装有通风机的井口必须封闭严密，其外部漏风率在无提升设备时不得超过5%，有提升设备时不得超过15%。

（2）必须保证主要通风机连续运转。

（3）必须安装 2 套同等能力的主要通风机装置，其中 1 套做备用，备用通风机必须能在 10 分钟内启动。

（4）严禁采用局部通风机或风机群作为主要通风机使用。

（5）装有主要通风机的出风井口应安装防爆门，防爆门每 6 个月检查维修一次。

（6）至少每月检查一次主要通风机。改变通风机转数或叶片角度时，必须经矿技术负责人批准。

（7）新安装的主要通风机投入使用前，必须进行一次通风机性能测定和试运转工作，以后每 5 年至少进行一次性能测定。

第二节　矿井瓦斯防治

案例 **典型案例**
dianxinganli

一、事故经过

2003 年 10 月 29 日 20 时左右，鄂托克旗伊利得煤矿有 5 名工人入井作业，其中有 4 名工人去 14 层煤掘进工作面出煤，1 名工人负责在井下排水和在井底漏煤眼处放煤。井下使用两台三轮车运输，因掘进巷道总长达 240 米，局扇风筒使用塑料编织风筒，漏风严重，工人感觉掘进头风量严重不足，当班有 1 台三轮车升井向井下运送了一台 2.2 千瓦的小风机和一些支护材料，准备在掘进巷道中部接上小风机以增加工作面的风量。大约在 21 时 05 分，排水工邢迷柱突然听到爆炸声同时看到大量的烟尘涌入井底车场内。他意识到发生了事故，立即跑出地面，并向该矿负责人报告。至此，井下有 4 名工人生死不明。

该矿矿长得知发生事故后，立即从家中赶来，并冒险组织人员入井抢救，在进入掘进工作面一段距离后，发现顶板冒落严重，有害气体严重超限，局扇已停止运转（电缆被冒顶岩石砸断）。他们开启另一台局扇后被迫返回地面，向有关部门报告了事故，并向海渤湾矿业公司救护队呼救。

乌海煤矿安全监察办事处于30日0时20分接到事故报告并于30日1时左右到达事故现场，约2时，伊盟鄂托克旗煤炭局有关人员也到达事故现场，海勃湾矿业公司救护队于30日2时30分到达事故矿井。乌海煤矿安全监察办事处立即会同有关部门成立了事故抢险领导小组并展开工作。在开启矿井主扇后，救护队于3时18分第一次入井，于4时15分升井，发现井下事故巷道内顶板冒落严重，无法进入。在救护队到达的区域内，测得一氧化碳含量0.004%，瓦斯含量0.4%，二氧化碳含量0.6%。

由于井下顶板冒落严重，有近100米的煤巷全部冒落至13号层，救援人员无法进入，在寻找遇险人员的过程中需清理冒落巷道内的冒落物，清理工作非常艰难，在清理过程中有时仍发生冒顶，清理巷道工作艰难地向前推进。

11月3日，遇险人员张万贤在煤巷岩巷交会处煤巷一侧被找到并运出地面。据现场救援的救护队员描述现场的情况，表明事故发生时张万贤驾驶的机动三轮正准备向掘进工作面方向行进，从地面运下来的小风机仍装在三轮车上，在该处以里巷道走上山，巷道内有积水，当时三轮车发生熄火，发动三轮车的摇把插在三轮车上，从张万贤所处位置分析他正在重新发动三轮车，三轮车发动机排气口未安装排气筒。

之后，在抢险指挥部的统一指挥下，在救护队员的监护下，抢险组从海勃湾矿业公司和社会上聘用了部分有井下掘进及支护经验的人员开始分班清理和支护井下事故巷道。11月23日早晨6时许，另外3名遇险人员均在巷道的掘进头附近被找到并运出地面。清理工作先后持续了近1个月，至此，抢险工作结束。

二、事故原因

1. 直接原因

该矿长时间不启用主扇，采用自然通风，掘进巷道内因长时间停电、停风，造成工作面瓦斯积聚超限，工人在未排放瓦斯的情况下，违章进入掘进工作面，并使用非防爆机动三轮车进行运输，三轮车在发动过程中，排气口喷火点燃积聚的瓦斯，并引起爆炸。

2. 间接原因

（1）该矿工人及分管安全生产及瓦斯检查的副矿长安全知识缺乏，安全意识差，在矿井长时间自然通风、工作面风量不足的情况下，违章指挥工人入井作业，长期不检查工作面瓦斯，恢复生产过程中未排放瓦斯。(2) 该矿矿长安全意识淡薄，安全生产管理混乱，对工人的违章作业未加制止。矿井聘用无证人员负责矿井安全、生产、瓦检等；特种作业人员数量严重不足。(3) 局扇违章使用塑料编织风筒，漏风严重；该矿在未取得有关部门的审批同意情况下，擅自进行技改工程，没有执行有关部门下达的停止技改工程和停产的指令。(4) 煤矿安全专项整治以来，一些小煤矿井下仍普遍使用非防爆机动三轮车和畜力运输，采掘作业方式未发生明显改变，实际工作中要求使用的防爆机动三轮因存在动力小等原因，大部分小煤矿没有使用，以上问题给事故埋下隐患。(5) 鄂托克旗煤炭局对该矿的安全生产监督管理不力，对该矿擅自组织技改工程未进行制止，对矿井存在的通风系统不合理等事故隐患未能及时发现。(6) 各级培训机构对矿长及煤矿特种作业人员培训及发证把关不严，没有依照规定严格按学员的文化素质及安全素质培训发证，一些已持证的矿长及特种作业人员文化素质极低，缺乏基本的安全管理素质。

三、经验教训

人是生产经营活动的主体，设备要靠人去管理、去操作，各类事故的发生都与人的主观因素有密切的关系。本起事故是由于矿井安全生产管理人员及工人素质低，矿长及副矿长违章指挥、违章作业等原因造成的，事故教训非常深刻。

(1) 通过事故案例看出，欲加强对煤矿的安全监督检查和安全管理，除了保护通风系统正常运行外，采用多头掘进、多工作面作业，同时要禁止井下使用畜力车和非防爆机动三轮车运输等违法行为。作为广大矿工对该种不安全行为要有清醒的认识，并坚决抵制违法作业规程、违反劳动纪律的行为。

(2) 煤炭企业是一种技术性相当强的产业，一个煤矿要安全开采，须配备地质、机电、测量、采矿等方面的技术人员，必须聘用具备中专以上文化程度的工程技术人员负责矿井安全、技术管理。同时，广大矿工要加强提升自身素质学习。利用煤矿企业组织的各类讲座、培训，掌握安全知识、安全技术、“三大”规程和质量标准，熟悉避灾路线，清楚当班安全注意事项。在上述基础上，尽可能地学习与了解有关安全、现代企业管理等知识，进一步提高矿工的安全意识，切实提高自身的安全操作技能和自我保护能力。

(3) 加强对矿长及特种作业人员的培训教育，要限制文化素质低、安全意识差的人员从事矿长及特种作业。对已持证的矿长及特种作业人员要重新评价认定或核发证件，建立定期复训制度，不断提高这些从业人员的安全意识和安全操作技术。

一、瓦斯概述

（一）瓦斯的性质

瓦斯是古代植物在堆积成煤的初期，纤维素和有机质经厌氧菌的作用分解而成。在高温、高压的环境中，在成煤的同时，由于物理和化学作用，继续生成瓦斯。瓦斯是无色、无味的气体，但有时可以闻到类似苹果的香味，这是由于芳香族的碳氢气体同瓦斯同时涌出的缘故。瓦斯对空气的相对密度是0.554，在标准状态下瓦斯的密度为0.716千克/米^3，瓦斯的渗透能力是空气的1.6倍，难溶于水，不助燃也不能维持呼吸，达到一定浓度时，能使人因缺氧而窒息，并能发生燃烧或爆炸。瓦斯在煤体或围岩中是以游离状态和吸着状态存在的。

瓦斯的主要成分是烷烃，其中甲烷占绝大多数，另有少量的乙烷、丙烷和丁烷，此外一般还含有硫化氢、二氧化碳、氮和水气，以及微量的惰性气体，如氦和氩等。在标准状况下，甲烷至丁烷以气体状态存在，戊烷以上为液体。如遇明火，即可燃烧，发生“瓦斯”爆炸，直接威胁着矿工的生命安全。因此，“瓦斯”防治是矿井工作的重要组成部分。除了采取一些必要的安全措施外，有的矿工甚至会把金丝雀装入鸟笼挂在工作区内。原来，金丝雀对“瓦斯”或其他毒气特别敏感，只要有非常淡薄的“瓦斯”产生，对人体还远不能有致命作用时，金丝雀就会失去知觉而昏倒。矿工们察觉到这种情境后，可立即撤出矿井，避免伤亡事故的发生。

（二）瓦斯涌出

煤矿地下采掘过程中，在极短的时间内（几秒到几分钟），从煤、岩层内以极快的速度向采掘空间内喷出煤（岩）和瓦斯（CH_4、CO_2）的现象，称为煤与瓦斯突出。其危害是它所产生的高速瓦斯流（含煤粉或岩粉）能够摧毁巷道设施，破坏通风系统，甚至造成风流逆转；喷出的瓦斯由几百到几万立方米，能使井巷充满瓦斯，造成人员窒息，引起瓦斯燃烧或爆炸；喷出的煤、岩由几千吨到万吨以上，能够造成煤流埋人；猛烈的动力效应可能导致冒顶和火灾事故的发生。

根据 2011 年最新颁布的《煤矿瓦斯等级鉴定暂行办法》，矿井瓦斯等级应当依据实际测定的瓦斯涌出量、瓦斯涌出形式以及实际发生的瓦斯动力现象、实测的突出危险性参数等确定。

矿井瓦斯等级划分为：

（1）煤（岩）与瓦斯（二氧化碳）突出矿井（以下简称“突出矿井”）。

（2）高瓦斯矿井。

（3）瓦斯矿井。

具备下列情形之一的矿井为突出矿井：

（1）发生过煤（岩）与瓦斯（二氧化碳）突出的。

（2）经鉴定具有煤（岩）与瓦斯（二氧化碳）突出煤（岩）层的。

（3）依照有关规定有按照突出管理的煤层，但在规定期限内未完成突出危险性鉴定的。

具备下列情形之一的矿井为高瓦斯矿井：

（1）矿井相对瓦斯涌出量大于 10 立方米/吨。

（2）矿井绝对瓦斯涌出量大于 40 立方米/分。

（3）矿井任一掘进工作面绝对瓦斯涌出量大于 3 立方米/分。

（4）矿井任一采煤工作面绝对瓦斯涌出量大于 5 立方米/分。

同时满足下列条件的矿井为瓦斯矿井：

（1）矿井相对瓦斯涌出量小于或等于 10 立方米/吨。

（2）矿井绝对瓦斯涌出量小于或等于 40 立方米/分。

（3）矿井各掘进工作面绝对瓦斯涌出量均小于或等于 3 立方米/分。

（4）矿井各采煤工作面绝对瓦斯涌出量均小于或等于 5 立方米/分。

二、瓦斯爆炸的条件及危害

矿井瓦斯爆炸是一种热链式反应（也叫链锁反应），就其本质来说，是一定浓度的甲烷和氧气在一定温度作用下产生的激烈氧化反应。

（一）瓦斯爆炸的条件

瓦斯的爆炸必须具备三个基本条件：一定浓度的瓦斯、高温火源和充足的氧气（混合气体中氧气的浓度不能低于12%）（如图4－10所示）。

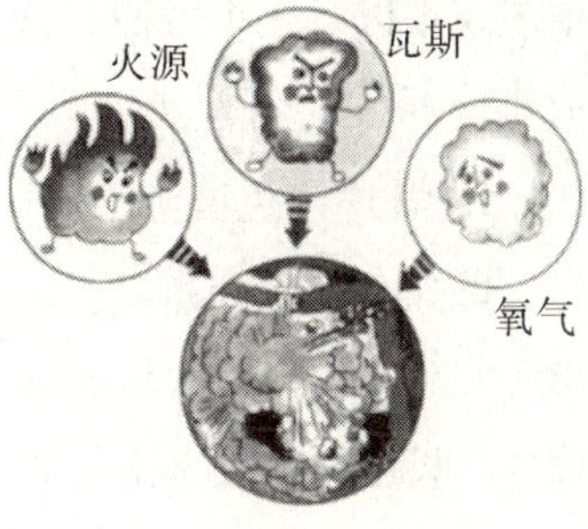

图4－10　瓦斯爆炸三要素

1. 瓦斯浓度

瓦斯爆炸有一定的浓度范围，我们把在空气中瓦斯遇火后能引起爆炸的浓度范围称为瓦斯爆炸界限。瓦斯爆炸界限为5%～16%。当瓦斯浓度低于5%时，遇火不爆炸，但能在火焰外围形成燃烧层，当瓦斯浓度为9.5%时，其爆炸威力最大（氧和瓦斯完全反应）；瓦斯浓度在16%以上时，失去其爆炸性，但在空气中遇火仍会燃烧。

瓦斯爆炸界限并不是固定不变的，它还受温度、压力以及煤尘、其他可燃性气体、惰性气体的混入等因素的影响。

2. 引火温度

瓦斯的引火温度即点燃瓦斯的最低温度。一般认为，瓦斯的引火温度为650℃～750℃。但因受瓦斯的浓度、火源的性质及混合气体的压力等因素影响而变化。当瓦斯含量在7%～8%时，最易引燃；当混合气体的压力增高时，引燃温度即降低；在引火温度相同时，火源面积越大、点火时间越长，越易引燃瓦斯。

3. 氧的浓度

实践证明，空气中的氧气浓度降低时，瓦斯爆炸界限随之缩小，当氧气浓度减少到12%以下时，瓦斯混合气体即失去爆炸性。这一性质降低了井下密闭的火区事故，在密闭的火区内往往积存大量瓦斯，且有火源存在，但因氧的浓度低，并不会发生爆炸。如果有新鲜空气进入，氧气浓度达到12%以上，就可能发生爆炸。因此，对火区应严加管理，在启封火区时更应格外慎重，必须在火熄灭后才能启封。

（二）瓦斯爆炸的危害

矿井一旦发生瓦斯爆炸，就会造成一系列极其严重的危害，其危害主要表现在以下三个方面，这三个方面都会对人员和井下巷道、仪器设备等造成损害。

1. 爆炸产生高温

爆炸时产生的热量，会使周围气体温度迅速升高，爆炸瞬间的温度为1850℃ ~2650℃。这样的高温，会造成人员伤亡，并可能引起火灾，烧毁设备、设施，损坏巷道。

2. 爆炸产生高压气体和强大冲击波

由于爆炸时气体温度骤然升高，引起爆源附近气体体积急速膨胀，气体压力突然增大，形成强大的高压冲击波。强大的冲击波可使井下人员遭受伤亡，严重摧毁巷道支架、井下设施和设备，造成巷道顶板冒落。此外，在爆炸冲击波的作用下，会使另外积存的瓦斯冲出，并能扬起大量煤尘，从而造成瓦斯或煤尘的连续爆炸，使灾害扩大。

3. 爆炸产生大量的有毒、有害气体

瓦斯爆炸要消耗大量氧气，同时伴生大量的有害气体，其中主要是一氧化碳和二氧化碳。若有煤尘参与爆炸，产生的一氧化碳会更多，造成的人员伤亡更严重。统计资料表明，瓦斯、煤尘爆炸事故中死亡的人数，90%左右都是因为一氧化碳中毒、窒息死亡。

三、煤与瓦斯突出征兆与防突措施

（一）煤与瓦斯突出预兆

1. 有声预兆

（1）响煤炮。由于各矿区、各采掘工作面的地质条件、采掘方法、瓦斯及煤质特征的不同，所以预兆声音的大小、间隔时间、在煤体深处发出的响声种类也不同。有的像炒豆似的噼噼啪啪声，有的像鞭炮声，有的像机枪连射声，有的似闷雷、嘈杂、沙沙声、嗡嗡声以及气体穿过含水裂缝时的吱吱声等。

（2）其他声音预兆。发生突出前，因压力突然增大，支架会出现嘎嘎响、劈裂折断声，煤岩壁会开裂，打钻时会喷煤、喷瓦斯等。

2. 无声预兆

（1）煤层结构构造方面表现为：煤层层理紊乱，煤变软、变暗淡、无光泽，煤层干燥和煤尘增大，煤层受挤压褶曲变粉碎，厚度变大、倾角变陡。

（2）地压显现方面表现为压力增大，使支架变形，煤壁外鼓、片帮、掉渣，顶底板出现凸起台阶、断层、波状鼓起，手扶煤壁感到震动和冲击，炮眼变形装不进药，打眼时垮孔、顶夹钻等。

其他方面的预兆有：瓦斯涌出异常、忽大忽小，空中气味异常、闷人，空气有时变热。

上述突出预兆并非每次突出时都同时出现，而是出现一种或几种。

（二）防突措施

（1）当发现有突出的预兆时，现场人员要立即按避灾路线撤离。

（2）撤离时每个人都必须佩戴好隔离式自救器，同时要将发生突出的地点、预兆情况以及人员撤离情况向调度室汇报。

（3）立即切断突出地点及回风流中的一切电气设备的电源，撤离现场要关闭反向风门，并在突出区域或瓦斯流区域内设置栅栏，以防人员进入。

（4）当确定不能撤离突出的灾区时，要进入就近的避难硐室，关好铁门，打开供气阀，做好自救。

（三）预防瓦斯爆炸措施

杜绝瓦斯爆炸事故的发生，需采取以下措施：一是防止瓦斯积聚和超限；二是防止瓦斯引燃。

（1）防止瓦斯积聚和超限的措施有：加强通风管理、加强瓦斯检查、加强排瓦斯巷的检查。

（2）防止瓦斯引燃的措施有：防止瓦斯引燃的基本原则是：严禁一切非生产火源，对生产中可能引燃瓦斯的电火花、爆破火焰、摩擦火花及明火等火源和热源进行严格控制和管理。

（四）防止瓦斯灾害事故扩大的措施

1. 有效的技术措施

（1）实行分区通风，各水平、各采区和各工作面应有独立的进、回风系统。

（2）简化通风系统，不用的巷道都要及时封闭；总进风巷和总回风巷间距不得太近。

（3）搞好综合防尘。

（4）编制周密的预防与处理瓦斯煤尘、爆炸的救灾计划。

（5）救灾行动要迅速、无误。

2. 必要的安全装置

（1）防爆门：主要通风机的出风井口，必须装设防爆门或防爆井。

（2）反风装置：主要通风机必须装有反风装置。

（3）隔爆设施：隔爆设施是根据瓦斯或煤尘爆炸时所产生的冲击波与火焰的速度差的原理设计的。爆炸时产生的冲击波在前，隔爆设施可隔离或扑灭随后而来的火焰，使爆炸灾害损失最小。

第三节　矿尘防治

矿尘是煤矿生产的五大灾害之一。它不仅严重影响井下工人的身体健康，而且绝大部分矿区的煤尘具有爆炸的特性，严重威胁着井下工人的生命健康和矿井的安全生产。有效地控制矿尘的产生及其传播，对改善劳动条件及确保矿井的安全生产具有重要的意义。

一、矿尘的性质

（一）矿尘的产生及分类

矿尘是指在矿山生产和建设过程中所产生的各种煤、岩微粒的总称。

矿尘除按其成分可分为岩尘、煤尘、烟尘、水泥尘等多种有机、无机粉尘外，尚有多种不同的分类方法，下面是几种常用的分类方法。

1. 按矿尘粒径划分

（1）粗尘。粒径大于40微米（μm），相当于一般筛分的最小颗粒，在空气中极易沉降。

（2）细尘。粒径为10～40微米（μm），肉眼可见，在静止空气中作加速沉降。

（3）微尘。粒径为0.25～10微米（μm），用光学显微镜可以观察到，在静止空气中作等速沉降。

（4）超微尘。粒径小于0.25微米（μm），要用电子显微镜才能观察到，在空气中作扩散运动。

不同粒径的矿尘可进入人体内不同的器官，如图4－11所示。

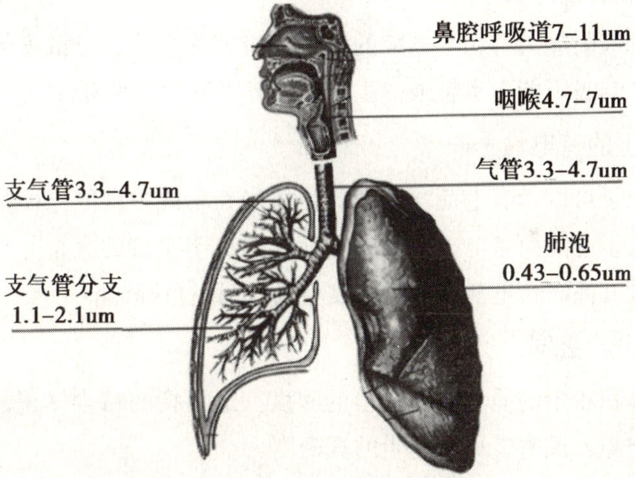

图4－11　不同粒径矿尘进入人体示意图

2. 按矿尘的存在状态划分

（1）浮游矿尘是悬于矿内空气中的矿尘，简称浮尘。

（2）沉积矿尘是从矿内空气中沉降下来的矿尘，简称落尘。

浮尘和落尘在不同环境下可以相互转化。浮尘在空气中飞扬的时间不仅与尘粒的大小、重量、形式等有关，还与空气的湿度、风速等大气参数有关。

3. 按矿尘的粒径组成范围划分

(1) 全尘(总粉尘)。各种粒径的矿尘之和。对于煤尘,常指粒径为1毫米(mm)以下的尘粒。

(2) 呼吸性粉尘。主要指粒径在5微米(μm)以下的微细尘粒,它能通过人体上呼吸道进入肺区,是导致尘肺病的病因,对人体危害甚大。

(二) 粉尘的基本性质

1. 粉尘分散度

粉尘颗粒大小的组成情况可以用分散度(即粒度分布)来表示。生产环境中空气动力学直径小于7微米(μm)的尘粒,尤其是小于2微米(μm)的尘粒是引起尘肺的主要有害粉尘。

2. 粉尘的吸附性

粉尘的吸附能力与粉尘颗粒的表面积有密切关系,分散度越大,表面积也越大,其吸附能力也越强,主要指标有吸湿性、吸毒性。

3. 粉尘的荷电性

粉尘粒子可以带有电荷,其来源是煤岩在粉碎中因摩擦而带电,或与空气中的离子碰撞而带电,尘粒的电荷量取决于尘粒的大小并与温、湿度有关。温度升高时荷电量增多,湿度增高时荷电量降低。

4. 粉尘的密度

单位体积粉尘的质量称为粉尘的密度。这里指的粉尘体积,不包括尘粒之间的空隙,该密度称为粉尘的真密度。

5. 粉尘的安息角

粉尘的安息角是评价粉尘流动性的重要指标。所谓的安息角就是:粉尘自漏斗连续落到水平板上,堆积成圆锥体,圆锥体的母线同水平面之间的夹角称为粉尘的静安息角,也叫休止角、(自然)堆积角、安置角等。粉尘安息角的测量方法(如图4-12所示)。

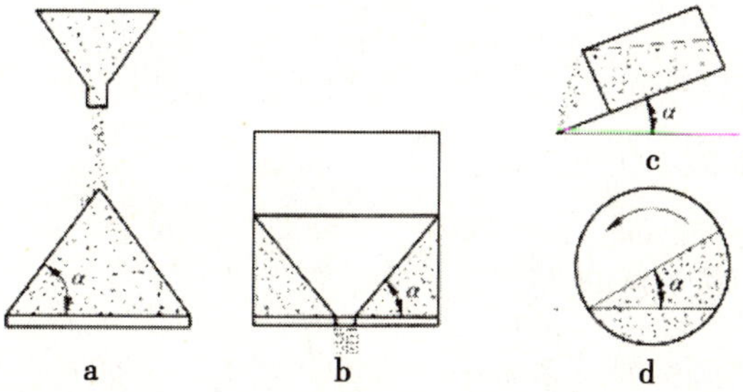

图 4－12　粉尘安息角的测量方法示意图

a—注入法；b—排出法；c—斜箱法；d—回转圆筒法

6. 煤尘的爆炸性

煤被破碎成细小的煤尘后，其表面积大大增加，系统的自由表面能也相应增加，提高了煤尘的化学活性，特别是提高了氧化产热的能力。

7. 粉尘的浓度

单位体积矿内空气中所含浮尘的数量称为矿尘浓度，其表示方法有两种：

（1）质量。每立方米空气中所含浮尘的毫克数，单位为毫克/立方米。

（2）计数法。每立方厘米空气中所含浮尘的颗粒数，单位为粒/立方厘米。

二、矿尘的危害

矿尘对人体健康和矿井安全生产存在着严重危害，主要表现在以下几个方面：

（1）对人体健康的危害。长期吸入大量的矿尘，轻者引起呼吸道炎症，重者导致尘肺病。同时，皮肤沾染矿尘，阻塞毛孔，能引起皮肤病或发炎，矿尘还会刺激眼膜。

（2）煤尘爆炸。煤尘在一定条件下可以爆炸，煤尘爆炸是煤矿五大灾害之一。对于瓦斯矿井，发生瓦斯爆炸时煤尘也有可能同时参与爆炸，使爆炸破坏程度加剧。

（3）污染作业环境。随着矿尘浓度增大，会降低作业场所和巷道能见度，不仅影响劳动效率，还容易导致误操作、误判断，往往造成作业人员伤亡。

（4）对机械设备的危害。矿尘能加速机械磨损，缩短使用寿命，增加人员对设备的维修工作量。

三、煤尘爆炸的条件

煤尘爆炸必须同时具备 4 个条件，分别为：煤尘本身具有爆炸性；煤尘必须悬浮于空气中，并达到一定的浓度；存在能引燃煤尘爆炸的高温热源；一定浓度的氧气。

1. 煤尘的爆炸性及悬浮煤尘的浓度

煤尘具有爆炸性是煤尘爆炸的必要条件。只有当井下空气中悬浮的煤尘达到一定浓度时，才可能引起爆炸，单位体积中能够发生煤尘爆炸的最低或最高煤尘量称为爆炸的下限和上限浓度。低于下限浓度或高于上限浓度的煤尘都不会发生爆炸。煤尘爆炸的浓度范围与煤的成分、粒度、引火源的种类和温度及试验条件等有关。一般来说，煤尘爆炸的下限浓度为 30 ~ 50 克/立方米，上限浓度为 1000 ~ 2000 克/立方米。其中爆炸力最强的浓度范围为 300 ~ 500 克/立方米。

一般情况下，浮游煤尘达到爆炸下限浓度的情况是不常有的，但是爆破、爆炸和其他震动冲击都能使大量落尘飞扬，在短时间内使浮尘量增加，达到爆炸浓度。因此，确定煤尘爆炸浓度时，必须考虑落尘这一因素。

2. 引燃煤尘爆炸的高温热源

煤尘的引燃温度变化范围较大，它随着煤尘性质、浓度及试验条件的不同而变化。我国煤尘爆炸的引燃温度在 610℃ ~ 1050℃之间，一般为 700℃ ~ 800℃。这样的温度条件，几乎一切火源均可以达到，如爆破火焰、电气火花、机械摩擦火花、瓦斯燃烧或爆炸、井下火灾等。根据 20 世纪 80 年代的统计资料，由放炮和机电火花引起的煤尘爆炸事故分别占总数的 45% 和 35%。

3. 一定浓度的氧气

煤尘爆炸还要求氧气的浓度不低于 18%（体积百分比）。由于矿井的氧气浓度一定大于 18%，所以在防止煤尘爆炸过程中一般不会考虑这一

条件。

四、煤尘爆炸的预防及应急措施

（一）煤尘爆炸的预防措施

（1）煤层注水。利用水的压力通过钻孔把水注入到即将回采的煤层中，使煤体预先湿润，以便减少采煤时浮游煤尘的产生量。这种降尘措施效果较好，一般可降低粉尘浓度60%～90%左右。

（2）水炮泥。放炮作业使用水炮泥封堵炮眼，借助放炮时爆破冲击力使水散成雾状，从而润湿煤粒，达到降尘的目的。

（3）湿式打眼。在用煤电钻钻孔时，不断将压力水注入孔底，使煤尘变成煤浆流出，抑制煤尘的生成和飞扬。

（4）喷雾洒水。在集中产尘点安设喷雾洒水装置，包括放炮喷雾、转载喷雾洒水、采掘机内外喷雾、转载洒水、冲洗煤壁、风流进化水幕等，从而使已经产生的煤尘迅速沉降，减少煤尘飞扬的数量和时间。

（5）清扫积尘。陈落在巷道中的煤尘要定期清扫，以免其变成浮尘，为煤尘爆炸提供物质基础。

（6）消除井下引爆火源，如：放炮时产生的火焰、电器火源、机械摩擦产生的火源、瓦斯爆炸和自燃发火产生的火源等。

（7）在可能发生煤尘爆炸地点的通道上，采取隔绝煤尘爆炸的措施，主要采用预先设置岩粉棚、水棚（水槽或粉袋）、自动式隔爆棚、隔爆水幕及撒布岩粉袋等，阻隔（或熄灭）爆炸火焰的传播，避免煤尘连续爆炸。

（二）煤尘爆炸事故的应急措施

煤尘爆炸往往伴随瓦斯爆炸，瓦斯爆炸往往会引起煤尘爆炸，发生煤尘爆炸事故的应急措施与瓦斯爆炸事故的应急措施内容相同。（详见本章第二节相关内容）

第四节　矿井火灾防治

一、矿井火灾概述

（一）矿井火灾的概念

发生在矿井井下或地面，威胁到井下安全生产，造成一定资源和经济损失或者人员伤亡的非控制燃烧称为矿井火灾。

（二）矿井火灾发生的基本要素

（1）热源——具有一定温度和足够热量的热源才能引起火灾。在矿井中煤的自燃、爆破作业、机械摩擦、电流短路、吸烟、烧焊等，都有可能成为引火热源。

（2）可燃物——在矿井中，煤本身就是一个大量且普遍存在的可燃物。另外，坑木、各类机电设备、各种油料、炸药等都具有可燃性。可燃物的存在是火灾发生的物质基础。

（3）氧气——燃烧是剧烈的氧化反应。任何可燃物尽管有热源点燃，但缺乏足够氧气时，燃烧是不能持续的，所以氧气供给是维持燃烧不可缺少的条件。

以上三要素必须同时存在才会发生火灾，三者相互结合、缺一不可。

（三）矿井火灾的分类

矿井火灾发生的原因有两种：一是外部火源引起的火灾；二是煤炭本身的物理化学性质的内在因素引起的火灾。因此，根据引起矿井火灾的火源的不同，通常将矿井火灾分为外因火灾和内因火灾。

（1）外因火灾又称外源火灾，是指由于外来热源，如明火、在井下拆卸矿灯、放明炮、电焊、气焊、井下吸烟、人为纵火等原因造成的火灾。外因火灾一般发生在井口附近、井下硐室、采掘工作面和有电缆的木支架巷道等处。外因火灾的特点是：突然发生，如不能及时发现，常可酿成恶性事故。

（2）内因火灾又称自燃火灾，是指由于一些自燃物质在一定条件或环境下（如破碎后直接堆积，又有一定的风流供给）自身发生物理化学变化、积聚热量从而导致着火而形成的火灾。

（四）矿井火灾的危害

1. 产生大量有害气体

矿井火灾对人身的主要危害是火灾发展过程中产生的大量有毒有害气体。燃烧会产生一氧化碳、二氧化碳、二氧化硫、烟尘等，另外，坑木、橡胶、聚氯乙烯制品的燃烧也会产生大量的一氧化碳、醇类、醛类以及其他复杂的有机化合物。这些有毒有害气体和烟尘随风扩散，有时可能波及相当大的区域甚至全矿。据国外统计，矿井火灾事故的遇难者95%以上是死于烟雾中毒。

2. 在火源及邻近产生高温，引燃邻近可燃物

矿井火灾发生后，特别是大范围的矿井火灾发生后，直接灭火无效，必须对火区进行封闭，而被封闭的火区必须待里面的火完全熄灭后才能打开密闭，重新开采，有些火区因裂隙较多或封闭不严，火区内的火很难熄灭，有时达几个月甚至几年，严重影响着矿山的继续开采。

3. 引起瓦斯、煤尘爆炸

矿井火灾不但为瓦斯、煤尘爆炸提供了热源，而且火的干馏作用可使煤炭、坑木等放出氢气、沼气和其他多种碳氢化合物等爆炸性气体，从而增加瓦斯、煤尘爆炸的可能性。同时火灾还可使沉降的煤尘重新悬浮，增加煤尘爆炸的概率。根据国内资料统计，新中国成立后的所有煤尘爆炸事故，因矿井火灾引起的占6%。

4. 毁坏设备和资源

一旦出现矿井火灾，现场的各种仪器、仪表、设备将会遭到严重破坏。火灾还会摧毁巷道，破坏支护。有些暂时没被烧毁的设备和器材，由于火区长时间封闭，都可能因长期腐蚀，全部或部分报废。矿井火灾会使煤的发热量大大减少，甚至完全被烧毁，使资源白白浪费。

二、矿井火灾的预防措施

（一）外因火灾的预防措施

预防外因火灾主要从两个方面进行，一是防止失控的高温热源，杜绝明火与机电火花；二是尽量采用不燃或耐燃材料，同时防止可燃物大量积存，主要措施如下：

（1）预防明火。井口房和通风机房附近20米内禁止烟火，也不准用火炉取暖。严禁携带烟草、引火物下井，井下严禁吸烟。

（2）井口房和井下不准电焊、气焊或用喷灯焊接。如果一定要在井下焊接时，必须制定安全措施，经批准并有专人在现场检查和监督，而且要求事先清除附近的易燃物品，备足消防用水、沙子、灭火器等，并随时检查瓦斯和煤尘浓度。

（3）井下硐室内不准存放汽油、煤油或变压器油。井下使用的润滑油、棉纱和布头等必须集中存放，定期送到地面处理。

（4）预防放炮引火。井下不准使用黑色火药，因为黑色火药爆炸后火焰存在时间长，有引燃或引爆瓦斯的危险。井下只准使用矿用安全炸药。严格执行放炮规定，煤矿井下不准放糊炮，严禁用煤块、煤粉、炮药纸等易燃物代替炮泥，同时要严格执行“一炮三检查”和“三人连锁放炮”制度。

（5）预防电气引火。要正确选用易熔断丝片和漏电继电器，以便电流短路、过负荷或接地时能及时切断电流。不准带电检修、搬迁电气设备。

（6）预防摩擦生火。应做好井下机械运转部分的保养维护工作，及时加注润滑油，以使其保持良好的工作状态，防止因摩擦生热而引起火灾。

（7）预防火焰蔓延。井下应使用绝缘电缆或不延燃橡套电缆、阻燃输送带等。

（8）新建矿井的永久井架和井口房，或者以井口为中心的联合建筑，都必须用不燃性材料建筑。

（9）进风口应装设防火铁门，防火铁门必须严密并易于关闭，打开时不妨碍提升、运输和人员通行，并应定期维修；如不设防火铁门，必须有防治烟火进入矿井的安全措施。

（二）内因火灾的预防措施

1. 内因火灾的易发地点

矿井的内因火灾是井下煤炭在长期的缓慢氧化过程中因积热而产生的，根据煤矿生产的特殊情况，内因火灾的易发地点有：①采空区；②掘进及回采期间两顺槽的高冒区、破碎带；③片帮、冒顶，围岩破碎的煤巷；④长期积煤点；⑤通风不良的煤巷；⑥选矸车间煤仓、煤堆等。其中内因火灾发生在采空区、巷道及其他地点的分别占60%、29%和11%。

2. 内因火灾的初期预兆

（1）巷道内湿度增加，出现雾气、水珠。

（2）煤炭自燃放出焦油味。

（3）巷道内发热，气温升高。

（4）人有疲劳感。

3. 内因火灾的预防措施

（1）技术措施。

①选择合理的开拓方式和采煤方法。在开采有自燃倾向的煤层时，采用石门、岩石大巷的开拓方式可以少切割煤层，少留煤柱，便于封闭、隔离采空区。

②对于有自燃性的煤层，采用由上而下的开采顺序，后退式回采的开采方法。

③在有自燃倾向性煤层中布置采区时，采区的尺寸应根据煤层自燃发火期的长短和回采速度来进行确定。必须保证在采区煤层自燃发火之前回采完并将其封闭。

（2）通风措施。

①根据矿井的开拓系统和开采方法，选择合理的通风系统，用以减少漏风，预防煤层自燃发火。

②进行分区通风，降低矿井总风阻，提高矿井的通风能力，以便于在火灾发生时控制风流和隔绝火区。

③正确选择并及时安设井下通风构筑物，如风门、调节风窗、密闭墙等，并保证质量。

④矿井主扇应设置反风装置，以便于矿井进风侧发生火灾时进行反风，保证井下人员安全。

⑤由于瓦斯矿井中的火灾易造成瓦斯爆炸，故主扇应安置防爆门，若井下发生爆炸事故，可保护主扇不被冲毁。

（3）预防性灌浆。

预防性灌浆就是将水、浆按照适当比例混合，配成一定浓度的浆液，借助输浆管路输送到可能发生自燃的煤区，从而防治煤自燃。

（4）阻化剂防火。

阻化剂就是阻止氧化的试剂，阻化剂防火就是将其溶液置于煤体上阻止煤炭自燃或延长发火期。

（5）凝胶防灭火。

凝胶防灭火是用基料和促凝剂按照一定比例混合配置成水溶液后，发生化学反应形成凝胶，从而破坏煤炭着火的一个或几个条件，以达到防灭火的目的。

（6）惰性气体防灭火。

惰性气体是指不可燃气体或窒息性气体，主要包括氮气、二氧化碳以及燃烧生成的烟气等。惰性气体防灭火就是将惰性气体注入到已封闭的或有自燃危险的区域，降低区域内氧气的含量，从而达到防灭火的目的。

（7）均压防灭火。

煤炭之所以会自燃，是由于有漏风的存在，也就是会有连续不断地供氧。而均压防灭火就是利用风窗、风机连通管等调节风压值，以改变通风系统的压能分布，降低漏风压差，从而达到抑制煤炭氧化、惰化火区的目的。

三、矿井火灾事故的应急处置

（一）井下火灾的应急自救

在井下，一旦发现了烟雾或明火，要立即报告调度室。火灾初起时是灭火的最佳时机，如果火势不大，应立即进行直接灭火，切不可惊慌失措，四处奔跑。

灭火应遵循以下原则：

（1）要有充足的水量，先从火源外围逐渐向火源中心喷射水流。

（2）要保持正常通风，并要有畅通的回风通道，以便及时将高温气体和蒸汽排出。

（3）用水灭电气设备火灾时，首先要切断电源。

（4）不宜用水扑灭油类火灾。

（5）灭火人员不准在火源的回风侧，以免烟气伤人。

如果火势强大无法扑灭，或者其他地区发生火灾接到撤退命令时，要组织避灾和进行自救。此时要迅速戴好自救器，有组织地撤退。处在火源上风侧的人员，应逆着风流撤退。处在火源下风侧的人员，如果火势小，越过火源没有危险时，可迅速穿过火区到火源上风侧；或顺风撤退，但必须找到捷径，尽快进入新鲜风流中撤退。撤退时应迅速果断，忙而不慌，随时注意观察巷道和风流的变化情况，谨防火风压可能造成的风流逆转。

如果巷道已有烟雾但不大时，戴好自救器（无自救器或自救器已超过有效使用时间时，应用湿毛巾捂着口、鼻），尽量躬身弯腰，低头快速前进；烟雾大时，应贴着巷道底和巷道壁，摸着铁道或管道快速爬出，迅速撤离。一般情况下不要逆着烟流方向撤退。当有烟且视线不清的情况下，应摸着巷道壁、支架、管道或铁道前进，以免错过通往新鲜风流的连通出口。

在高温浓烟巷道中撤退时，应将衣服、毛巾打湿或向身上淋水进行降温，利用随身物品遮挡头面部，防止高温烟气刺激等。万一无法撤离灾区时，应迅速进入避难硐室，或者就近找一个硐室或其他较安全地点进行避灾自救，等待救援。

如因灾害破坏了巷道中的避灾路线指示牌、迷失了行进的方向时，撤退人员应朝着有风流通过的巷道方向撤退。在撤退沿途和所经过的巷道交叉口，应留设指示行进方向的明显标志，以提示救援人员的注意。

在唯一的出口被封堵无法撤退时，应在现场管理人员或有经验的老工人的带领下进行灾区避灾，以等待救援人员的营救。进入避灾硐室前，应在硐室外留设文字、衣物、矿灯等明显标志，以便于救援人员及时发现，前往营救。入硐室后，开启压风自救系统，可采取有规律地敲击金属物、顶帮岩石等方法，发出呼救联络信号，以引起救援人员的注意，指示避灾人员所在的位置。同时积极开展互救，及时处理受伤和窒息人员。

（二）矿井火灾事故的现场应急处置

矿山救护队处理井下火灾应遵循以下原则：

（1）控制烟雾的蔓延，不致危及井下人员安全。

（2）防止火灾扩大。

（3）防止引起瓦斯或煤尘爆炸，防止因火风压引起风流逆转而造成危害。

（4）保证救灾人员安全，并有利于抢救遇险人员。

（5）创造有利的灭火条件。

进风井口、井筒、井底车场、主要进风道和硐室发生火灾时，为抢救井下人员，应反风或风流短路。反风前，必须将原进风侧的人员撤出，并采取阻止火灾蔓延的措施。采取风流短路措施时，必须将受影响区域内的人员全部撤离。多台主要通风机联合通风的矿井反风时，抽出式矿井要保证非事故区域的主要通风机先反风，事故区域的主要通风机后反风。压入式矿井反风顺序相反。瓦斯矿井应采取正常通风，如必须反风或风流短路时，指挥部应分析反风或风流短路后风流中瓦斯变化情况，防止引起瓦斯爆炸。

进风的下山巷道着火时，必须采取防止火风压造成风流紊乱和风流逆转的措施。改变通风系统和通风方式时，必须有利于控制火风压。灭火中只有在不致使瓦斯很快积聚到爆炸危险浓度，且能使人员迅速退出危险区时，才能采取停止通风的方法。

回风井井底发生火灾时，应保持正常通风，在有害气体不能达到爆炸条件的前提下，可减少进入火区的风量。

倾斜进风巷道中发生火灾时，可采取风流短路或局部反风。

掘进巷道发生火灾时，应保持正常通风状态，根据现场瓦斯情况，必要时可适当调整风量。

采煤工作面发生火灾时，应保持正常通风，从进风侧进行灭火，如果难以取得效果时，可采取局部反风，从回风侧灭火。

用水或注浆的方法灭火时，应将回风侧人员撤出。向火源大量灌水或从上部灌浆时，严禁靠近火源地点作业。用水快速淹没火区时，密闭附近不得有人。

知识检测

请阅读案例并回答文后思考题。

某煤矿超指标生产，通风系统的巷道未打通，瓦斯监控系统的传感器损坏，没有信号。某日，由于地面冲击，某矿工在未断电的情况下检修照明保护装置。发生瓦斯爆炸。经查，发生事故时，值班负责人未在岗，工人未佩戴自救器和瓦斯检测仪。事故造成2人死亡，多人受伤，直接经济损失1000多万元。

思考题一：本次事故中存在哪些安全技术问题？

思考题二：本次事故中存在哪些安全管理问题？

思考题三：针对本次事故，应采取哪些整改措施？

第五章　矿山新工人救护与自救互救知识

一般情况下，矿井发生事故后，矿山救护队不可能立即到达事故地点，实践证明，矿工如能在事故初期及时采取措施，正确开展自救、互救，可以减少事故危害程度以及人员伤亡。自救、互救的成效如何，决定于自救和互救方法的正确性。为了确保自救和互救的有效性，最大程度地减少损失，每个入井人员都必须熟知以下内容：熟悉所在矿井的灾害预防和处理计划；熟悉矿井的避灾路线和安全出口；掌握避灾方法，会使用自救器；掌握抢救伤员的基本方法及现场急救的操作技术。

第一节　煤矿业常见职业病防护

在生产劳动过程中存在的对职业健康和劳动能力产生有害作用并导致疾病的因素，称为职业危害因素。在煤矿企业中主要的职业危害因素有生产性粉尘、有害气体、生产性躁动和震动、不良气象条件和放射性物质等。

一、煤矿职业病危害因素

（一）生产性粉尘

（1）矽尘。一般指矿尘中游离二氧化硅含量在10%以上的无机性粉尘。长期接触矽尘可能产生的职业病为矽肺。煤矿生产矽尘的工种包括岩巷凿岩、装载、掘进；出矸推车；半煤岩巷打眼、爆破；煤巷加固等。

（2）煤尘。煤尘的游离二氧化硅含量超过10%，长期接触煤尘可能产生的职业病为煤工尘肺。煤矿产生煤尘的工种包括采煤面各工种；井下运输、转载；洗煤厂运输、转载、破碎等。

（3）水泥粉尘。长期接触水泥粉尘可能产生的职业病为水泥尘肺。煤矿产生水泥粉尘的工种包括喷浆、拌料等。

（二）有毒有害气体

煤矿生产中可能产生的有毒有害气体有一氧化碳、硫化氢、氮氧化合物、二氧化硫、氨、二氧化碳，这些气体都可能导致中毒性职业病甚至死亡。

（1）一氧化碳。一氧化碳与人体血液中血红素的亲和力比氧大 250 ~ 300 倍。一旦一氧化碳进入人体就与血液中的血红素相结合，导致人体缺氧。按规定，矿井中的一氧化碳最高允许浓度为 0.0024%。

（2）硫化氢。硫化氢的主要危害：硫化氢有强烈的刺激作用，能阻碍生物氧化过程，使人体缺氧。当空气中硫化氢浓度较低时主要以腐蚀刺激作用为主，浓度较高时能导致人迅速昏迷或死亡。当硫化氢浓度达到 0.005% ~0.01%，1 ~2 小时后出现眼及呼吸道刺激，当硫化氢浓度达到 0.1% 时，在极短时间内立即死亡。

（3）二氧化氮。二氧化氮的主要危害为：二氧化氮溶于水后生成腐蚀性很强的硝酸，对眼睛、呼吸道黏膜和肺部有强烈的刺激及腐蚀作用。二氧化氮中毒有潜伏期，中毒者指头会出现黄色斑点，当浓度达到 0.01% 时，人体即可出现严重中毒现象。

（4）二氧化硫。二氧化硫遇水后生成硫酸，对眼睛及呼吸系统黏膜有强烈的刺激作用，可引起喉炎和肺水肿。当浓度达到 0.002% 时，眼及呼吸器官即感到有强烈的刺激；浓度达 0.05% 时，短时间内即有致命危险。

（5）二氧化碳。二氧化碳比空气重，一般积聚于巷道低处及通风不良的废巷中。煤矿矿井中二氧化碳的来源为煤层逸出、坑木腐烂、人员呼吸、煤自燃发火等。

（6）氨。氨气对皮肤和呼吸道黏膜有刺激作用，可引起喉头水肿。

（三）其他职业危害因素

（1）高温。随着矿井开采深度的延伸，矿井下作业环境中的温度逐渐升高，影响作业人员的身体健康，降低作业能力和协调性，容易引发事故。

（2）噪声。凿岩、打眼、通风机、压风机、选煤车间筛分、破碎等皆产生较高噪声。长期接触高噪声能引起职业性噪声聋，并可诱发其他疾病。

二、煤矿常见职业病

（1）矽肺。这是一种由于在职业活动中长期吸入含游离二氧化硅10%以上的生产性粉尘（矽尘）而引起的肺组织弥漫性纤维化为主的全身性疾病。

（2）尘肺病。这是一种由于吸人生产性粉尘而引起的以肺组织纤维化为主的疾病，会导致患者的肺部发生进行性、弥漫性纤维组织增生，逐渐影响呼吸功能及其他系统功能，是一种较严重的职业病。

按照粉尘的性质，尘肺可被分为5类：由二氧化硅粉尘引起的硅肺；由结合状态的二氧化硅粉尘引起的硅酸盐肺，如石棉肺、云母尘肺、水泥尘肺等；由煤炭、炭黑、石墨等粉尘引起的叫炭尘肺，如煤肺、炭黑尘肺、石墨尘肺等；其他粉尘所引起的叫混合性尘肺，如煤硅肺；由铝及其他粉尘引起的叫其他尘肺，如铝尘肺、电焊工尘肺等。煤炭系统常见的尘肺有硅肺、煤肺和煤硅肺。

掘进工种易患硅肺；采煤工种多患煤肺，煤仓、煤厂、烧煤锅炉、码头煤房装卸等接触煤的工种也易患煤肺。由于煤矿职工，调动频繁，既可接触岩石粉尘，又可接触煤尘，这类工人易患煤硅肺。

（3）振动病及局部振动病。这是一种因长期接触强烈的生产性振动所引起的疾病。局部振动是指以手接触振动工具的方式为主，振动通过振动工具向操作者的手和手臂传播，直至全身。接触振动的作业很多，如采矿、掘进、造型捣固、铆接、凿岩、锻压等。

振动病主要是由于局部肢体（主要是手）长期接触强烈振动而引起的。长期受低频、大振幅的振动时，由于振动加速度的作用，可使植物神经功能紊乱，引起皮肤与外周血液循环机能改变，久而久之可出现一系列病理改变。早期可出现肢端感觉异常、振动感觉减退，主要症状为手麻、手疼、手胀、手凉、手掌多汗、手痛（多在夜间发生），伴随症状为手僵、手颤、手无力（多在工作中发生），手指遇冷即出现缺血发白现象，严重时血管痉挛明显。

（4）噪声性耳聋。这是一种由于长期处于强噪声环境中而引起的缓慢进行的耳聋。噪声是由许多不同强度和不同频率的声音杂乱组合而成的。从人体生理学的角度讲，一切使人厌烦、起干扰作用的声音通称噪声。

生产过程中的一切声音都是生产性噪声，包括机械噪声，如电钻、风钻、水压机、冲床等；流体动力噪声，如通风机、鼓风机、空压机等；电磁性噪声，如电动机、变压器。长期在上述强噪声环境中工作，易引起听觉系统的损害，形成耳聋，同时还可能引起对人体其他系统的损害。

（5）中暑。这是一种由于高温环境引起的人体体温调节中枢的功能障碍，汗腺功能失调和水、电解质平衡紊乱所导致的症状。

（6）煤矿井下工人滑囊炎。这是一种由于长期、持续、反复、集中和力量稍大的摩擦和压迫而引起的疾病。煤矿井下工人滑囊炎的患病率约为1.6%，在一些煤层薄、工作面低、机械化程度不高的矿区，其患病率可高达14.39%。工龄越长、年龄越大、患病率越高。不同工种的患病率是有差异的，其中采煤工最高（65.78%），其次是掘进和开拓工（20.15%）。

（7）一氧化碳中毒。主要为急性中毒，是吸入较高浓度一氧化碳后引起的急性脑缺氧疾病，少数患者可有迟发的神经精神症状。人在一氧化碳浓度为115毫克/立方米环境中，最多2小时即可发生中毒；空气中的一氧化碳浓度为1%时，人呼吸数次后就会昏迷，1~2分钟便会死亡。

（8）氮氧化物中毒。主要为急性中毒，短期内吸入较大量氮氧化物气体，引起的以呼吸系统损害为主的全身性疾病。主要是对肺组织产生强烈的刺激和腐蚀作用，可引起支气管和肺水肿，中毒者可发生窒息死亡。

（9）硫化氢中毒。主要为急性中毒，急性硫化氢中毒一般发病迅速，会出现以脑和（或）呼吸系统损害为主的临床表现，亦可伴有心脏等器官功能障碍。接触较高浓度硫化氢后可出现头痛、头晕、乏力、共济失调，可发生轻度意识障碍，常先出现眼和上呼吸道刺激症状；接触极高浓度硫化氢后可发生电击样死亡，即在接触后数秒或数分钟内呼吸骤停，数分钟后可发生心跳停止。

（10）二氧化硫中毒。主要通过呼吸道吸入而产生中毒，以呼吸系统损害为主。急性中毒为短时间内接触高浓度的二氧化硫气体引起，严重者可出现昏迷或窒息死亡。慢性中毒为长时间接触低浓度二氧化硫，经长期刺激使嗅觉迟钝、味觉下降，出现慢性鼻炎、咽炎，并伴有头痛、头晕、乏力等全身症状。

（11）二氧化碳中毒。低浓度时会导致呼吸中枢兴奋，如浓度达到3%时，会导致呼吸加深；高浓度时抑制呼吸中枢，如浓度达到8%时，会导致呼吸困难，呼吸频率增加。短时间内吸入高浓度二氧化碳，主要会对呼吸中枢产生毒性作用，可致死亡。

（12）氨气中毒。氨气为刺激性气体，低浓度氨对眼和上呼吸道黏膜有刺激作用。高浓度氨会引起支气管炎症及中毒性肺炎、肺水肿、皮肤和眼的灼伤。

三、煤矿职业病预防措施

（一）尘肺病的防治措施

1. 水利除尘

（1）粉尘控制。喷雾洒水、湿式作业是矿井作业防尘的主要手段，在实际操作中应做到合理设计防尘洒水管网，管路敷设应达到所有采掘工作面、硐室、运输机转载点、采掘工作面回风巷和运输巷道，并确保洒水管路的压力和水量能满足整个矿井喷雾洒水防尘需求。

（2）综采面防尘。合理选择采煤机截割结构的结构参数和工作参数；在采煤机上设置合理的喷雾系统，进行高压喷雾降尘；在液压支架上设置喷雾（间架喷雾）控制阀，供移架及放煤时自动喷雾降尘；采用合理通风技术，设置最佳风速。

（3）掘进面防尘。掘进机配备喷雾洒水、水－空气喷射器除尘装置。

（4）锚喷支护作业防尘。设置合理的锚喷工艺，采用气力自动输送、机械搅拌、湿喷机喷射等措施；设置通风排尘、喷雾洒水、水幕净化、除尘器除尘设施措施。

（5）普掘面防尘。采用湿式凿岩打眼、水封爆破及水炮泥、放炮后喷雾洒水、水幕净化、冲洗岩帮及装岩洒水等作业方式作业。井下风动凿岩开钻时应先开水后开风；停钻时应先关风后关水。

（6）装载运输防尘。在装载机上配置喷雾洒水装置，对转载点进行喷雾洒水。

（7）其他防尘。对破碎机进行喷雾洒水降尘，并对破碎机实行密闭；在运输巷每隔 200 米左右设置 2 ~ 3 道水幕降尘。

（8）地面生产防尘。地面洒水抑尘，地面积尘清扫，输送皮带和转运点密闭及喷雾洒水，振动筛、分级筛密闭并设置除尘器除尘。

2. 通风除尘

为了保证煤矿工人的身体健康，提供适宜的生产环境和条件，提高工作效率，《煤矿安全规程》对井下工作地点空气的主要成分做出了具体规定。氧气浓度不低于 20%，二氧化碳浓度不超过 0.5%，氨、一氧化碳、二氧化氮、二氧化硫、硫化氢等其他有害气体不得超过最高容许浓度。

矿井需要的风量应按下列要求分别计算，并选取其中的最大值：

（1）按井下同时工作的最多人数计算，每人每分钟供给风量不得少于 4 立方米。

（2）按采煤、掘进、硐室及其他地点实际需风量的总和进行计算。各地点实际需要风量，必须使该地点风流中的瓦斯、二氧化碳、氢气和其他有害气体，风速，温度及每人供风量符合《煤矿安全规程》的规定。在我国发生的煤矿重大瓦斯爆炸事故的案例中，通风能力不足是造成瓦斯超积聚的直接原因。

3. 个体防护

矿井各生产环节，尽管可以采取多项防尘措施，但有时也难以使各作业地点粉尘浓度达到卫生标准。此种情况下，特别是在强产尘源和个别不宜安装防尘设备条件下作业的人员，必须佩戴个体防尘用具。个体防尘用具主要包括防尘面罩、防尘帽、防尘呼吸器、防尘口罩等，其目的是使佩戴者既能呼吸净化后的空气，又不影响正常操作。

（二）噪声与振动预防措施

（1）在通风机房室内墙壁、屋面敷设吸声体。

（2）在压风机房设备进气口安装消声器，室内表面做吸声处理。

（3）对主井绞车房室内表面进行吸声处理，局部设置隔声屏。

（4）对操作人员长时间接触的其他高噪声厂房进行吸声处理。

（5）临时锅炉鼓风机、引风机进出风口设消声器，基础加减振垫，采用隔声屏和墙面安装吸声结构控制噪声。

（三）井下有毒有害气体防治

控制防止瓦斯积聚及其他有毒有害气体的措施包括：

（1）对于可能发生瓦斯积聚的区域，应强化通风管理。

（2）需要进入闲置时间较长的巷道作业时，必须先通风后作业。

（3）在生产中出现盲巷或废弃巷道时，应及时密闭或用栅栏隔断，并设立警示牌。

（4）做好采空区的密闭工作，减少采空区瓦斯涌出量，适当加大综采面通风量，采煤工作面回风隅角附近设置木板隔墙或帆布幛，引导风流，吹散积聚瓦斯。

（5）建立严密的操作规程，加强宣传教育，作业人员严格按照规程操作。同时定期对各通风设施进行检查，使其保持完好，确保通风系统正常运转。

（6）在进行污水处理站清淤、清理作业时，应严格按程序操作，先通风后作业，必要时佩戴空气呼吸器进入池内，防止硫化氢等废气中毒。

第二节　煤矿事故及现场紧急处置

一、事故现场人员行动原则

（一）及时报告

发生灾变事故后，事故地点附近的人员应尽量了解或判断事故性质、地点和灾害程度，并迅速利用最近处的电话或其他方式向矿调度室汇报，迅速地向事故波及的区域发出警报，使其他工作人员尽快知道灾情。在汇报灾情时，要将看到的异常现象，听到的异常声响，感觉到的异常冲击如实汇报，不能凭主观想象判定事故性质，以免给领导造成错觉，影响救灾。

（二）积极抢救

灾害事故发生后，处于灾区以及受威胁区域的人员，应沉着冷静，根据实情和现场条件，在保证自身安全的前提下，采取积极有效的方法和措施，及时投入现场抢救，将事故消灭在初起阶段或将损伤控制在最小范围，最大限度地减少事故造成的损失。在抢救时，必须服从统一的指挥和严密的组织，严禁冒险蛮干和惊慌失措，严禁各行其是和单独行动；要采取防止灾区条件恶化和保障救灾人员的安全的措施，特别要提高警惕，避免中毒、窒息、爆炸、触电、顶板二次垮落等再生事故的发生。

（三）安全撤离

当受灾现场不具备事故抢救的条件，或可能危及人员的安全时，应由在场负责人或有经验的老工人带领，根据矿井灾害预防和处理计划中规定的撤退路线和当时当地的实际情况，尽量选择安全条件最好，距离最短的路线，迅速撤离危险区域。在撤退时，要服从领导安排，听从指挥，根据灾情使用防护用品和器具；要发扬团结互助的精神和先人后己的风格，主动承担工作任务，照料好伤员和年老体弱者；遇有溜煤眼、积水区、垮落区等危险地段，应探明情况，谨慎通过。

（四）妥善避灾

在灾变现场无法撤退时，如矿井冒顶堵塞、火焰或有害气体浓度过高无法通过和自救器有效工作时间内不能到达安全地点时，应迅速进入预先筑好的或就近快速建造的临时避难硐室，妥善避灾，等待矿山救护队的救援。

在避灾时要注意给外面救援人员留下信号。如在岔口明显处挂上衣物、写留言；用矿灯照亮；敲击铁管、顶板或金属支架发出声响。在避灾过程中不要暴饮暴食，更不要情绪急躁盲目乱动。

二、煤矿常见事故的急救

（一）发生瓦斯煤尘爆炸和煤与瓦斯突出事故的急救

背向空气颤动的方向，俯卧在地，面部贴在地面，闭住气暂停呼吸，用毛巾捂住口鼻，以防把火焰和有害气体吸入肺部；还要用衣服盖严身体，尽量减少人体肌肤暴露面积，以减少烧伤。之后，要迅速按规定佩戴好自救器，弄清方向，沿着避灾路线，尽快撤退到新鲜风流中，若巷道破坏严重，不知撤退是否安全时，可以到支架较完整的地点暂时躲避，等待救援。

（二）出现煤与瓦斯突出预兆的急救

有些矿井出现了煤与瓦斯突出的某些预兆，但并不立即突出，要注意延期突出问题。延期突出容易使人产生麻痹思想，危害更大。因此，遇到煤与瓦斯突出预兆时，必须立即撤出，并佩戴好自救器，千万不要犹豫不决。

（三）发生火灾事故的急救

发生火灾事故后，位于火源进风侧的人员，应迎着新鲜风流撤退。位于火源回风侧的人员或是在撤退途中遇到烟气有中毒危险时，应迅速佩戴好自救器，尽快通过捷径绕到新鲜风流中去；或在烟气没有到达之前，顺着风流尽快从回风出口撤到安全地点；如果距火源较近而且越过火源没有危险时，也可迅速穿过火区撤到火源的进风侧。

在有烟雾的巷道里撤退时，应尽量躬着腰，低着头前进。如烟雾大，视线不清或温度高时，则应尽量贴着巷道底板和巷壁，摸着铁道或管道、棚腿等爬行撤退。在高温浓烟的巷道撤退时，还应注意利用巷道中的水，浸湿毛巾、衣物或向身上浇水等办法进行降温，或利用随身物件遮挡头、面部，以防高温烟气的刺激等。

此外，矿井倾斜巷道火灾还可能使风流发生逆转，所以撤退时要随时注意观察巷道和风流的变化情况，以防万一。

（四）发生矿井水害事故的急救

矿井发生透水后应根据规定的撤退路线，迅速撤退到透水地点以上的水平，而不能进入透水点附近及下水的独头巷道。

在透水巷道中行进时，应靠近巷道一侧，抓牢支架或其他固定物件，尽量避开压力水头和泄水流，防止被水中滚动的矸石和木料撞伤。

当现场人员被水围困无法退出时，应迅速进入预先筑好的避难硐室中躲避，或选择合理地点快速建造临时避难硐室。进入避难硐室前，应在硐室外留设明显标志。迫不得已时，可爬上巷道的顶部高冒空间待救；严禁盲目潜水逃生等冒险行为。如系老窑透水，则必须在避难硐室外侧建造临时挡风墙或吊挂风帘，防止有害气体涌出使人窒息中毒。

（五）发生冒顶事故的急救

采煤工作面发现有冒顶预兆，而又难以采取措施防止顶板冒落时，应迅速撤退到安全地点。当发生冒顶来不及撤退到安全地点时，遇险者应靠煤壁贴身站立避灾，但要注意煤壁片帮伤人。另外，遇险者也可撤至附近木垛处。

掘进工作面发生冒顶被堵住无法逃出时，遇险人员应维护加固被堵巷道的支架，特别是接近冒顶边缘的支架，以防冒顶范围继续扩大；还应采用敲击钢轨、管道和岩石等物体，发出呼救信号，以便营救人员了解灾情，组织力量进行抢救；如被堵巷道有压风管，应打开压风管输送新鲜空气并稀释被堵巷道空间的瓦斯和有害气体，但要注意保暖。

（六）人员触电的急救

发生有人触电应立即用就近开关切断电源，使触电者脱离电源；或用绝缘可靠的工具将触电者拨离电源。脱离电源时，注意别使触电者摔伤。

触电者脱离电源后，如果现场很安全尽量就地抢救。如果触电者未失去知觉，神志清醒，或曾一度昏迷，继而只是自感心慌、四肢麻木、全身无力，则应使之安静，继续观察，并请医务人员前来处理。如果触电者已失去知觉，但心脏继续跳动，尚在呼吸，应使其舒适、安静地平卧，解开衣领，以利呼吸；如果呼吸困难，且不时发生抽动，则应进行人工呼吸和心脏按压。如果触电者呼吸、脉搏、心跳均已停止，则必须立即进行人工呼吸和心脏按压，紧急救护。

（七）火灾烧伤的处理

煤矿井下的烧伤，多为瓦斯燃烧、爆炸的火焰以及电流等引起，也有因酸碱引起的化学性烧伤。当煤矿井下发生烧伤事故后，救护人员应迅速将伤员救出现场，并注意在抢救过程中保护伤员的创面，不要忙于将伤员的衣服脱去或剪开去除，以免损伤创面和污染。另外，救护人员在将伤员送往医院抢救前，应对伤者进行一次全身检查，查看是否有合并损伤。一般来讲，烧伤一眼就可看到，但其他的损伤有时却难以发现，因此，在搬运伤员时若忽视检查，就会给伤员带来更大的痛苦，甚至会危及生命安全。对于受爆炸冲击烧伤的伤员，还须检查颅脑、脑腹腔内脏以及呼吸道是否烧伤。若化学性烧伤，救护人员还须重视对伤员全身中毒的解救。

在伤员的急救过程中，若发现伤员因疼痛和恐惧而休克，应用针法止痛或服止痛药。若发生急性喉头梗阻窒息时，可用粗针头从环甲筋膜处刺入气管内，以保证通气，暂时缓解窒息的威胁。若伤者呼吸、心跳不好甚至停止呼吸时，应就地进行人工呼吸以及挤压心脏抢救。对于化学性烧伤的伤员，应首先用大量的清水持续冲洗，但对其他烧伤则一般不作处理，也不得弄破水泡。现场急救处理完毕，待伤员的伤情好转后应及时送往医院救治。值得注意的是，将伤员送往医院时，应轻轻、平稳地搬动伤员，救护车辆应尽量减少路上的颠簸，同时救护人员应随时观察伤员的伤情，不可大意。

第三节　避难硐室、自救器与灭火器的使用

一、硐室避难注意事项

避难硐室是当灾害发生、人员无法撤出时，为防止有毒、有害气体的侵袭而设立的避难场所。矿工自救中，设置避难硐室是十分必要的。由于自救器有效时间较短，当佩戴自救器后，在其有效作用时间内不能到达安全地点时；撤退路线无法通过；若有自救器而有害气体含量又较高时，避难硐室可以发挥作用。

在避难硐室内避难有以下注意事项：

（1）在进入避难硐室前，应在硐室外留有衣物、矿灯等明显标志，以便救护队发现。

（2）待救时要保持安静，不急躁，尽量俯卧于巷道底部，以保持精

力，减少氧气消耗，并避免吸入更多的有毒有害气体。

（3）硐室内只留一盏矿灯照明，其余矿灯全部关闭，以备再次撤退时使用。

（4）间断敲打铁器或岩石等发出呼救信号。

（5）全体避灾人员要头脑清醒、沉着冷静、团结互助、坚定信心。

（6）被水堵在山上时，不要向下跑出探望。水被排走露出棚顶时，也不要急于出来以防气体中毒。

（7）看到救护队员后，不要过分激动，以防血管破裂。

（8）待救时间长遇救后，不要过多饮食和看强光，以防损伤消化系统和眼睛。

二、自救器的使用方法及注意事项

自救器是入井人员在井下发生火灾、瓦斯、煤尘爆炸、煤与瓦斯突出时防止有害气体中毒或缺氧窒息的一种随身携带的呼吸保护器具。自救器是一种体积小、重量轻、便于携带的防护个人呼吸器官的装备。

（一）自救器的分类及作用原理

自救器按其作用原理可分为过滤式和隔离式两种。隔离式自救器又分为化学氧和压缩氧自救器两种。

1. 过滤式自救器

过滤式自救器是利用装有化学氧化剂的过滤装置将有毒有害空气氧化成无毒空气供佩戴者呼吸用的保护器。使用于井下发生火灾、瓦斯（煤尘）爆炸事故灾害。该种仪器仅能防护火灾、爆炸事故中的一氧化碳，不能用于盲巷侦察。但是，火灾事故、爆炸事故灾区人员遇险者有98%是因一氧化碳中毒，因此，该种仪器在这两类灾害中已满足自救要求，加之体积小，重量轻（是隔绝式的1/2），价格低而被广泛使用。

2. 隔绝式自救器

隔绝式自救器是利用化学生氧或压缩氧气，供矿工从灾区脱险用的呼吸保护器，可应用于各种灾害环境，与过滤式自救器相比，体积和重量为过滤式的两倍多，长时间携带显得困难，价格也比较贵。目前，低瓦斯矿井配过滤式的较多，高瓦斯矿井则多配隔绝式的。

（二）自救器的佩戴方法

（1）从腰带上解下自救器，用拇指扳起开启扳手，撑锁封带。

（2）握住开启扳手，拉开封口带。

（3）揭开并扔掉上部外壳。

（4）抓住口具，从下部外壳中取出过滤器，扔掉下部外壳。

（5）移开鼻夹，将口具的咬口用牙咬住，把橡胶片含在牙唇之间。

（6）拉开鼻夹，夹住鼻子，松手后使它能夹住鼻子。

（7）摘下安全帽，从头顶上把头带戴好。

（8）全部佩戴完毕，再戴上安全帽。

（三）自救器的使用

自救器是井下发生灾害时灾区人员佩戴逃生的专用装备，非灾害情况下禁止打开。当井下发生火灾、瓦斯煤尘爆炸时使用应注意：

（1）戴上自救器后，外壳逐渐变热，吸气温度逐渐升高，表明自救器工作正常。绝不能因为吸气干热，而把自救器拿掉。

（2）化学氧自救器佩戴初期生氧剂放氧速度慢，如果条件允许（没有爆炸、被烧、被埋、被堵危险时），应尽量缓慢行走，等氧气足够呼吸时再加快速度。撤退时最好按每小时 4 ~5 千米的速度行走，呼吸要均匀，千万不要跑。

（3）佩戴过程中口腔产生的唾液可咽下，也可任其自然流入口水盒降温器，绝不可拿下口具往外吐，以免有害气体被吸入。

（4）在未到达可靠的安全地点前，严禁取下鼻夹和口具，以防有害气体毒害。

三、灭火器的使用方法及注意事项

灭火器是扑灭火灾的有效器具，常见的有手提式轻水泡沫灭火器和手提式干粉灭火器、手提式二氧化碳灭火器和手提式“1211”灭火器等。

（一）灭火器的设置要求

（1）灭火器应设置在明显便于取用的地点，不应设置在潮湿或强腐蚀性的超出其使用温度范围的地点，如必须设置时，应有相应的保护措施。

（2）灭火器的设置不得影响安全疏散。

（3）灭火器应设置稳固，应有标志牌，铭牌朝外。

（4）设置在室外的灭火器应有保护措施。

（5）手提式灭火器要根据配置场所的需要，设置在托架上或灭火器箱内（托架顶部高度应小于 1.5 米，底部距地面不宜小于 0.15 米）。

（二）灭火器的使用方法

正确使用灭火器的四字口诀："拔、握、瞄、扫。""拔"，即拔掉插销；"握"，即迅速握住瓶把及橡胶软管；"瞄"，即瞄准火焰根部；"扫"，即扫灭火焰部位。

用手握住灭火器的提把，平稳、快捷地提往火场。在距离燃烧物 5 米左右地方，拔出保险销，一手握住开启压把，另一手握住喷射喇叭筒，喷嘴对准火源。喷射时，应采取由近而远、由外而里的方法。另外，使用灭火器灭火时要注意：

（1）灭火时，人应站在上风处。

（2）不要将灭火器的盖与底对着人体，防止盖、底弹出伤人。

（3）不要与水同时喷射在一起，以免影响灭火效果。

（4）扑灭电器火灾时，应先切断电源，防止人员触电。

（5）持喷筒的手应握在胶质喷管处，防止冻伤。

（三）常见灭火器的适用场合

（1）干粉灭火器适用于扑救石油及其产品、可燃性气体和电器设备的初起火灾。

（2）二氧化碳灭火器适用于扑救 600 伏以下的带电电器、贵重设备、图书资料、仪器仪表等场所的初起火灾。

（3）"1211"灭火器主要用于扑救油类、贵重仪表、电子仪器及文物、图书档案等物品的初起火灾。

（4）小型家用灭火器适用于扑灭厨房、客厅、居室内的初起火灾。这类灭火器有喷射型及投掷型两种。

①喷射型家用灭火器使用方法为：按下灭火器顶端弹簧按钮，将喷嘴对准着火处，喷射灭火。

②投掷型家用灭火器使用方法为：将其投掷于火中，容器破碎，干粉泄出灭火。

第四节　创伤急救

煤矿井下生产，工作环境条件恶劣、工艺复杂、劳动条件艰苦、自然灾害严重。井下生产中一旦发生安全事故，（根据不同的事故类别）人员可能出现骨折、大出血、烧伤、窒息、中毒等情况。事故发生后，在专业救护人员到来之前，如果现场工作人员能对伤员进行及时、合适的急救，可以防止伤员伤情恶化，对后续的抢救治疗有着极其重要的意义。反之，则会贻误时机、导致严重后果。

一、创伤急救原则

（1）对骨折伤员，先固定后搬运。

（2）对出血伤员，先止血后搬运。

（3）对窒息（呼吸道完全堵塞）或心脏跳动刚停止不久的伤员，必须先复苏后搬运。

即所谓的“三先三后”原则。

二、创伤急救方法

（一）止血方法

成人的血量约为 4300～5000 毫升，以重量计约相当于体重的 1/13，若出血量达 1000 毫升以上，则会有生命危险。在现场救护出血伤员，需迅速采用暂时止血法，以免失血过多。

1. 敷料压迫伤口止血法

受伤后情况紧迫，为了争取时间挽救生命，可用敷料，如较干净的毛巾、手帕、撕下的工作服布块等，用能顺手取得的东西进行加压包扎止血，亦可用手压近伤口止血，此法适用于毛细血管出血。

2. 指压止血法

在不能使用止血带的部位，或没有止血带及其他代用物的紧急情况下，可暂用指压法（如图 5－1 所示），即用手指把伤口以上的动脉压在下面的骨头上，以达到止血的目的。此法属于一种临时的应急止血方法。

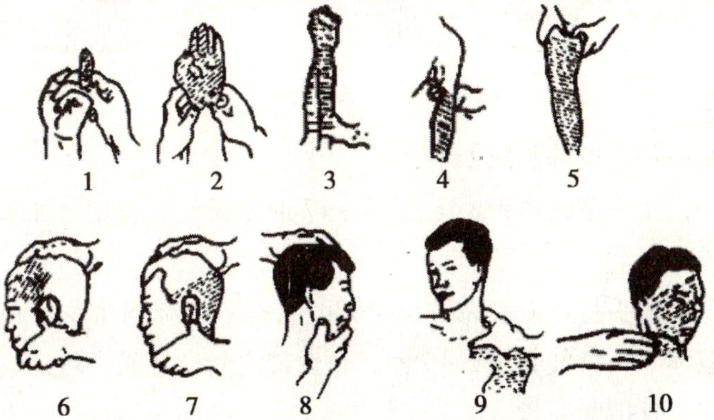

图 5－1　指压止血法的止血压点及其止血区域

1—手指；2—手掌；3—前臂；4—肱骨动脉；5—下肢股动脉；
6—前头部；7—后头部；8—面部；9—锁骨下动脉；10—颈动脉

3. 加压包扎止血法

加压包扎止血法是先用消毒纱布（或干净毛巾）敷在伤口上，再用绷带（或布带、三角巾）紧紧包扎起来（如图 5－2 所示）。对小臂和小腿的止血，也可在肘窝或膝窝内加垫，然后使关节弯曲到最大限度，再用绷带（或布带）将其固定，以利用肘关节或膝关节的弯曲压迫血管达到止血的目的。

图 5－2　加压包扎止血法

4. 止血带止血法

四肢较大动脉血管破裂出血，出血速度快，需迅速进行止血，可用橡皮止血带（或三角巾、绷带、布胶带等）把血管压住，以达到止血目的（如图5－3所示）。扎止血带的部位距出血点不宜过远，松紧要适宜。止血时间不宜过长，每30～60分钟放松一次，若仍然出血，可压迫伤口，过3～5分钟再缚好。紧急时亦可用宽布、绳索、三角巾等代替，但不能用炮线、电线、细绳等用力捆扎，以空气止血带最好。

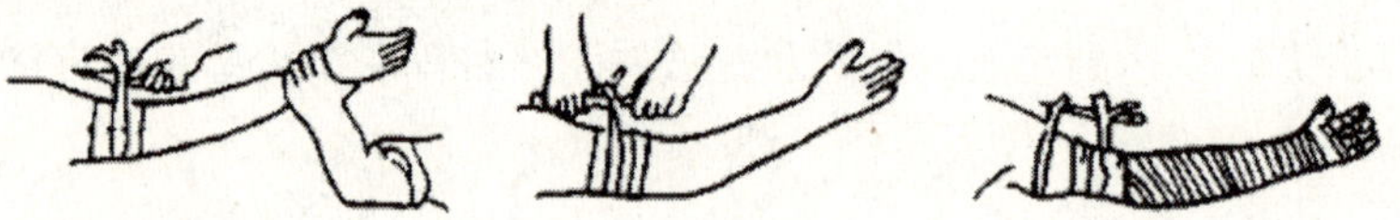

图5－3 止血带止血法

采用止血带止血的步骤如下：

步骤一：左手拿止血带，上留13～17厘米长，手背紧贴加垫处，右手拿止血带长端。

步骤二：右手将止血带在拉长拉紧的状态下，缠绕在左手和隔有衣服或衬垫的肢体下，紧紧编绕2～3匝，止血带之间应并紧，然后再将止血带放在左手中、食指间夹紧。

步骤三：左手中、食指夹住止血带，顺肢体向下拉出手，使止血带下面成环状。

步骤四：将上端一头插入环中，拉紧固定即可。

5. 绞紧止血法

在没有止血带时，可用毛巾、三角巾、绷带、手帕、破布条等材料折叠成带状，在伤口上方加垫，绕衬垫一周打结，用小木棍插入其中，先提起，绞紧至不出血，然后将小棍另一端在下方用布条固定。

（二）人工呼吸方法

1. 人工呼吸前的准备工作

人工呼吸是抢救伤员的一种急救措施：凡是由于触电、溺水、缺氧窒息、二氧化碳及瓦斯窒息或一氧化碳中毒而处于假死状态的伤员，均可对其施行人工呼吸急救措施。做人工呼吸前应做好以下准备工作：

（1）先将伤员搬至安全、通风、保暖的地方。

（2）平卧于平坦的硬地上或木板上。

（3）肩部用衣物垫高，使颈部呈过伸状态。

（4）解松伤员的衣扣、裤带、裸露前胸。

（5）清除伤员口、鼻内的异物和黏液及呕吐物，确保呼吸畅通。

（6）使伤员的头部尽量后仰，使下颌角至耳垂的连线垂直于地面，使下牙超过上牙高度。

（7）面部偏向一侧，防止舌根后坠堵塞呼吸道。

2. 人工呼吸法的分类及操作方法

人工呼吸方法有口对口人工呼吸、仰卧压胸人工呼吸、俯卧压背人工呼吸和心脏按压法。

（1）口对口吹气法。

口对口人工呼吸法大多用于抢救触电者（如图 5－4 所示）。具体操作程序如下：

①把伤员抬到新鲜风流中支架完好的安全地点后，要以最快的速度和极短的时间检查一下伤员瞳孔有无光反射，摸摸脉搏有无跳动，听听有无心跳，用棉絮放在受伤者的鼻孔处观察有无呼吸，按一下指甲有无血液循环，同时还要检查有无外伤和骨折。

②让伤员仰面平卧，头部尽量后仰，鼻朝天，解开腰带、领扣和衣服（必要时可用剪刀剪开，不可强撕强扯），并立即用保温毯盖好。

③撬开伤员的嘴，清除口腔内的脏东西。如果舌头后缩，应拉出舌头，以防堵塞喉咙，妨碍呼吸。

④救护的人跪在伤员一侧，一手捏紧他的鼻子，以免吹气时从鼻孔漏气；一手掰开他的嘴。

⑤救护者深吸一口气，然后紧贴伤员的嘴，大口吹气。并仔细观察伤员的胸部是否扩张，以确定吹气是否有效和适当。一般，吹气后，以伤员的胸部隆起最为适宜。

⑥吹气完毕，立即离开伤员的嘴，并松开伤员的口鼻，让他自己呼气。

⑦照这样依此反复操作，并保持一定节奏。每分钟均匀地做 14～16 次（约 5 秒钟一次），直到伤员复苏，能够自己呼吸为止。

归纳本法的要领是：捏鼻掰嘴，贴紧吹气，放松呼气，反复进行，直到复苏或确已死亡。

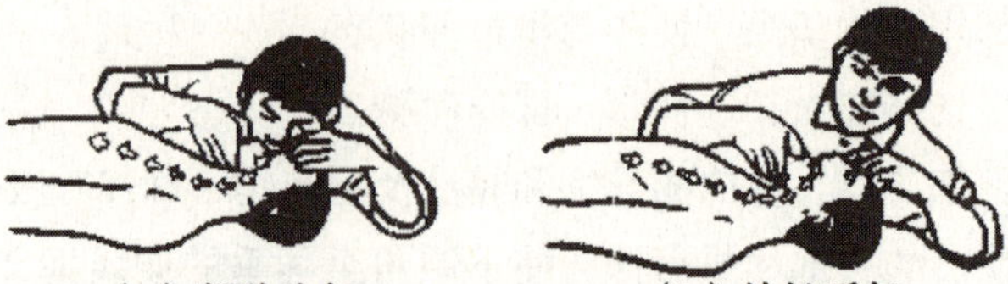

（a）紧贴吹气　　（b）放松呼气

图 5－4　口对口吹气人工呼吸法

（2）仰卧压胸法。

让伤员仰卧，救护者跨跪在伤员大腿两侧，两手拇指向内，其余四指向外伸开平放在伤员胸部两侧乳头之下，借上身重力压伤员的胸部，挤出肺内空气；然后，救护者身体后仰除去压力，伤员胸部依其弹性自然扩张，使空气吸入肺内。如此有节律地进行，每分钟 16～20 次（如图 5－5 所示）。

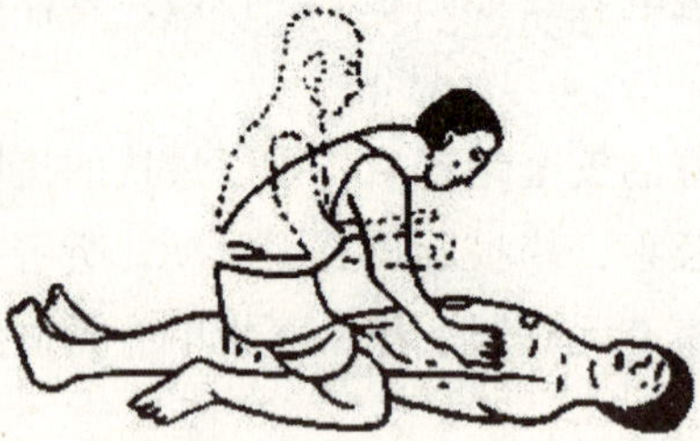

图 5－5　仰卧压背法

图 5－6　俯卧压背法

（3）俯卧压背法。

让伤员俯卧，救护者跨跪在伤员大腿两侧，其操作方法与仰卧压胸法大致相同（如图 5－6 所示）。俯卧压背人工呼吸法用于对溺水人员的急救较为适合。

（4）心脏按压法。

体外心脏按压是用于对各种原因造成心搏骤停的伤员进行抢救的一种有效方法。具体操作方法是将伤员仰卧平放在硬板或地面上，救护者站着或跪在伤员一侧，两手相叠，掌根放在伤员胸骨下 1/3 部位，中指放在颈

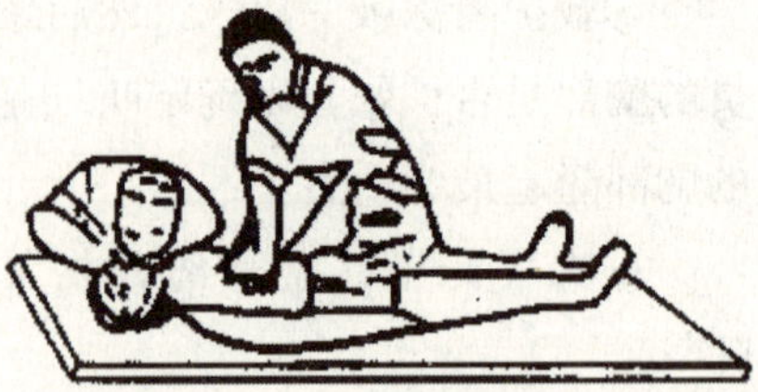

图 5－7　心脏按压法

部凹陷的下边缘，借自己的体重用力向下按压（如图5－7所示），使胸骨压下约3～4厘米，每次下压后应迅速抬手，使胸骨复位，以利于心脏的舒张。按压次数，每分钟60～80次。

体外心脏按压与口对口人工呼吸应同时进行，密切配合，心脏按压5次，吹气1次。按压时，加压不宜太大，以防肋骨骨折及内脏损伤。按压显效时，可摸到伤员颈总动脉、股动脉搏动，散大的瞳孔开始缩小，口唇、面色转红润，血压复升。急救者应有耐心，除非确定伤员已真死，否则，不可中途停止。

（三）创伤包扎方法

包扎是一般皮肤伤害所需的现场救护方法（如图5－8所示），它具有固定敷料、夹板位置、止血和托扶受伤肢体的作用，当皮肤、肌肉出现擦、裂伤时，应立即避免伤口继续污染，手拟包扎。

创伤包扎的材料有：急救包、绷带、三角巾、四头带。现场没有上述材料时，可就地取材，用毛巾、手帕、衣服等代替。

创伤包扎应注意以下事项：

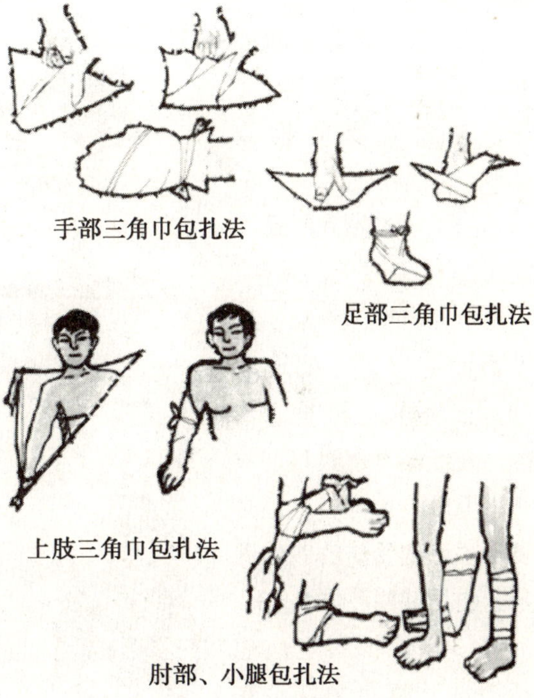

图5－8　创伤包扎方法

（1）包扎的目的在于保护创面、减少污染、止血、固定肢体、减少疼痛、防止继发损伤，因此在包扎时，应做到动作迅速敏捷，不可触碰伤口，以免引起出血、疼痛和感染。

（2）不能用井下污水冲洗伤口，伤口表面的异物需运至医院取出，防止重复感染。

（3）包扎动作要轻柔，松紧度要适宜，结头不要打在伤口上。

（4）脱出的内脏不可纳回伤口，以免造成体腔内感染。

（5）经井下初步包扎后的伤口，到地面医务室或医院后，要重新进行冲洗、消毒、清创、缝合和重新包扎。

（6）包扎范围应超过伤口边缘5～10厘米。

（四）骨折临时固定方法

骨折固定可减轻伤员疼痛，防止因骨折端位移而刺伤邻近组织、血管、神经，也是防止创伤休克的有效急救措施（如图5－9所示）。抢救要点如下：

（1）根据受伤的原因、部位、症状、体症等，先做简要的检查判断。

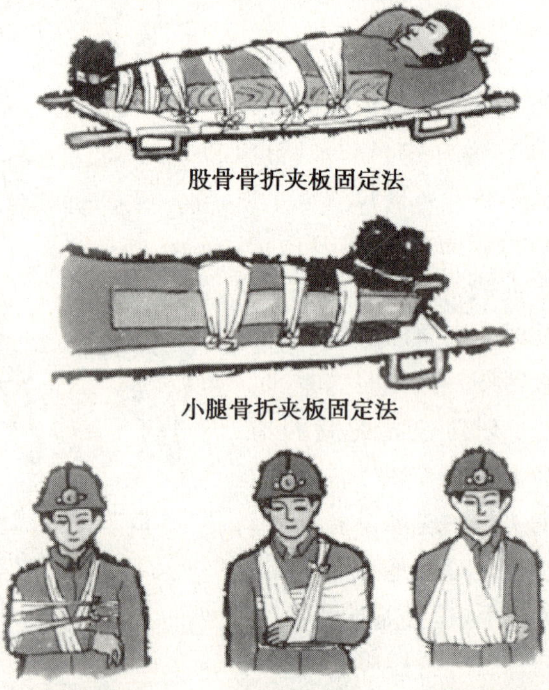

股骨骨折夹板固定法

小腿骨折夹板固定法

肱骨骨折夹板固定法　肱骨骨折三角巾固定法　前臂骨折固定法

图5－9　骨折临时固定方法

（2）在进行骨折固定时应使用夹板、绷带、三角巾、棉垫等物品，若手边没有时，可就地取材，如劈板、树枝、木棍、硬纸板、塑料板、衣物、毛巾等均可替代，必要时也可把受伤的肢体固定于伤员健侧肢体上。

（3）骨折固定应包括上、下两个关节，在肩、肘、腕、膝、踝等关节处应垫棉花或衣物，以免压破关节处皮肤，固定应以伤肢不能活动为度，不可过松或过紧。

（4）在处理骨折时，应注意有无内脏损伤，血气胸等并发症，若有应先行处理。

（5）搬运时要做到轻、快、稳。

（五）伤员的搬运

井下出现工伤之后，首先应即时采取前述现场急救措施，然后将伤员运送出井，送往医院抢救治疗。井下条件复杂，道路不畅，如果搬运不当可能会加剧伤员痛苦，甚至使伤情恶化，因此，伤员搬运也是创伤急救不可或缺的一环（如图 5－10 所示）。搬运时应注意以下事项：

（1）呼吸、心搏骤停及休克昏迷的伤员应先及时复苏后再搬运。

（2）对昏迷或者有窒息症状的伤员，要把肩部稍垫高，使头部后仰，面部偏向一侧或采用侧卧位，以防胃内呕吐物或舌头后坠堵塞气管而造成窒息，注意随时保持呼吸道畅通。

（3）一般伤员可用担架、木板、风筒、绳网等运送，但脊柱损伤和骨盆骨折的伤员应用硬板担架（井下可用风门板）运送。

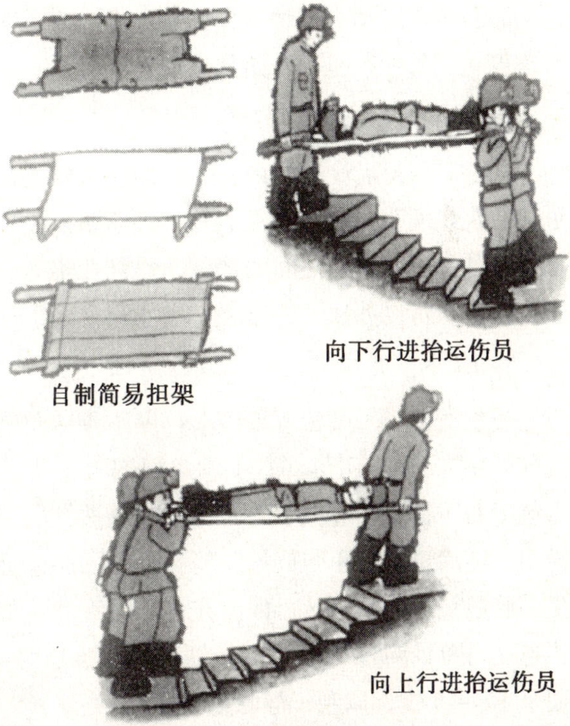

图 5－10　伤员搬运方法

（4）对一般伤员均应先进行止血、固定、包扎等初步救护后，再进行转运。

（5）对脊柱损伤的伤员，要严禁让其坐起、站立和行走。也不能用一人抬头、一人抱腿或人背的方法搬运。

（6）搬运胸、腰椎损伤的伤员时，先把硬板担架放在伤员旁，由专人照顾患处，另有两三人在保持脊柱伸直位下，同时用力轻轻将伤员推滚到担架上，推动时用力大小、快慢要保持一致，要保证伤员脊柱不弯曲。

（7）一般外伤的伤员，可平卧在担架上，伤肢抬高。

（8）转运伤员时应让伤员的头部在后面，随行的救护人员要时刻注意伤员的面色、呼吸、脉搏以及伤口情况，必要时要及时抢救。

（9）运送到井上，应向接管医生详细介绍受伤情况及检查、抢救经过。

（六）窒息伤员的复苏

心脏停止跳动有两种情况：一种是先发生呼吸衰竭，抢救无效又导致心跳停止；另一种是一开始就出现心跳停止，如中毒、触电等情况。

1. 心前区叩击术复苏

在心脏停搏后半分钟内，心脏的应激性是增强的，叩击心前区，往往可使心跳恢复。方法：用手握拳，举到距离胸壁上方约一尺左右的高处，从左侧乳头到胸正中之间的部位，连续叩击 3～5 次，并观察脉搏、心音。若恢复则表示复苏成功；反之，应立即放弃，改行胸外心脏按压术。

2. 胸外心脏按压术

使伤员仰卧于硬板或平地上，操作者站在病人一侧（或骑跨于伤员两大腿外侧），面对伤员将右手掌之根部置于伤员胸骨体中上段，左手交叉重叠于右手臂上，肘关节伸直，心脏即被挤压于胸骨与脊柱之间而将血液排出，随后迅速将手腕放松，使胸骨内因胸廓弹性而复位，胸廓弹回时产生的胸腔负压可使静脉血回流充盈心脏。然后如此有节律地反复进行。按压速率每分钟约 60～80 次。在进行胸外按压时，宜将伤员头部放低至水平面下 10～15 度，以利于静脉血回流。

知识检测

一、填空题

1. 当受灾现场不具备事故抢救的条件，或抢救事故可能危及人员安全时，应______。
2. 对煤矿井下发生重伤事故时，在场人员对受伤者应立即______。
3. 过滤式自救器主要供煤矿井下人员在______危险环境中防毒自救之用。
4. 在井下发现伤员突然停止呼吸时，应______。
5. 井下发现气体中毒或窒息人员的处理程序是______。
6. 发生火灾事故后，位于火源进风侧的人员，应______撤退。位于火源回风侧的人员或是在撤退途中遇到烟气有中毒危险时，应______，尽快通过捷径绕到新鲜风流中去。
7. 避难硐室有两种：一种是______的避难硐室；另一种是______的避难硐室。
8. 自救器按其作用原理可分为______和______两种。隔离式自救器又分为______和______自救器两种。
9. 自救器是井下发生灾害时灾区人员佩戴逃生的专用装备，非灾害情况下______。
10. 成人的血量约为______毫升，以重量计约相当于体重的1/13，若出血量达______毫升以上，则生命就有危险。

二、选择题

1. 创伤急救，必须遵守“三先三后”的原则。对出血伤员应该（　　）。
   A. 先止血后搬运　　B. 先送医院后处置　　C. 先搬运后止血
2. 创伤急救，必须遵守“三先三后”的原则，对骨折伤员应该（　　）。
   A. 先搬运后止血　　B. 先固定后搬运　　C. 先送医院后处置
3. 创伤急救，必须遵守“三先三后”的原则，对窒息或心跳呼吸刚停止不久的伤员应该（　　）。
   A. 先复苏后搬运　　B. 先送医院后处置　　C. 搬运后复苏
4. 对触电后停止呼吸人员，应立即采用（　　）进行抢救。
   A. 人工呼吸法　　B. 清洗法　　C. 心脏按压法

5. 对脊椎骨折的病人，搬运时应采用（　　）搬运。

A. 硬板担架　　B. 单人肩负法

C. 两个人一人抬头，一人抱脚的方法

6. 当发现有人触电时，首先要（　　）电源或用绝缘材料将带电体与触电者分离开。

A. 闭合　　B. 切断　　C. 开关

7. 对 SO_2、NO_2 中毒者只能进行（　　）人工呼吸。

A. 口对口　　B. 仰卧压胸　　C. 俯卧压背

8.（　　）是救活触电者的首要因素。

A. 请医生急救　　B. 送往医院　　C. 使触电者尽快脱离电源

9. 俯卧压背人工呼吸法用于对（　　）人员的急救较为适合。

A. 中毒　　B. 缺氧窒息　　C. 溺水

10. 矿工自救时，佩戴自救器后，若感到吸入的空气干热应（　　）。

A. 不得取掉口具，坚持使用，脱离灾区

B. 可以取掉口具，均匀行走，脱离灾区

C. 可以取掉口具，等待救援，脱离灾区

三、名词解释

1. 自救器　2. 避难硐室　3. 人工呼吸　4. 自救　5. 互救

四、简答题

1. 发生瓦斯煤尘爆炸和煤与瓦斯突出事故的自救、互救措施有哪些？
2. 伤员搬运时注意有哪些？
3. 做人工呼吸前的准备工作有哪些？
4. 煤矿火灾烧伤的应急处理过程中有哪些注意事项？
5. 简述人员触电急救措施有哪些。

附录一　各章习题答案

第一章　煤矿新工人安全生产法规知识检测答案

一、填空题

1. 矿井通风　防治瓦斯　防治煤尘　防灭火
2. 厂（矿）　车间（工段、区、队）　班组
3. 岗位职责　责任追究　4. 劝阻制止　5. 安全生产情况
6. 决策机构　主要负责人　个人经营的投资人　7. 60、100
8. 违章指挥　违章作业　违反劳动纪律
9. 超能力　超强度　超定员　10. 72、4

二、选择题

1. A　2. A　3. ABC　4. B　5. A　6. ABCD　7. D　8. D　9. B　10. B

三、名词解释

1. “一通三防”即矿井通风、防治瓦斯、防治煤尘、防灭火。
2. 安全奖惩制度是生产经营单位规定安全奖惩的原则、奖励或者处分的种类及额度的规范性文件。
3. 煤矿安全生产方针是党和国家为确保煤矿安全生产而确定的指导思想或行为准则。我国煤矿安全生产方针可概括为“安全第一，预防为主，综合治理”十二个字。
4. “煤矿安全规程”、“作业规程”和“操作规程”统称煤矿三大规程，三者密切相关，同时又有显著区别。
5.《安全生产法》中规定矿山、建筑施工单位和危险物品的生产、经营、储存单位为三类高危行业。

四、简答题

1. 答：(1) 牢固树立“安全第一”的思想。我们每一个矿工要牢固树立“安

全第一”的思想，真正把安全生产放在第一位，自觉以安全生产方针来指导和规范自己的行为。当安全与生产、安全与效益、安全与进度相冲突时，要始终把安全放在第一位。(2) 学法、知法、守法，树立依法从事煤矿安全生产的意识。煤矿安全生产必须依法进行，煤矿职工应了解国家安全生产方针、政策，学习《中华人民共和国安全生产法》等法律法规，懂法、知法、守法，依法从事安全生产，增强安全生产的法律意识。(3) 严格遵守安全生产规章制度和劳动纪律。安全生产规章制度和劳动纪律由煤矿企业制定，煤矿工人必须严格执行，认真遵守。不得无故旷工、迟到和早退，有事要请假；上班时间内遵守生产秩序，不得擅自脱离工作岗位。(4) 养成良好的职业道德。煤矿工人要树立良好的职业形象，具有高尚的职业道德，忠实履行职责，在工作中既要对自己的安全健康负责，也要对他人的安全健康负责，做到既不伤害自己，也不被他人伤害，确保安全生产。(5) 认真积极参加安全生产的教育培训，学习煤矿安全知识和操作技能。煤矿工人积极参加煤矿安全技术培训，熟练本工种、本岗位的操作技能和标准要求。(6) 做好劳动保护，避免职业伤害。煤矿工人特别是井下作业人员，要掌握有关安全装置、设施和生产机械、工具、仪器的性能和正确使用方法，掌握个人防护、避灾、自救与互救基本方法及职业病防护知识等，在作业过程中做好劳动保护，避免职业伤害。

2. 答：正确使用矿灯；正确乘吊桶（罐笼）；正确携带工具；安全行走；正确识别信号。

3. 答：《劳动防护用品监督管理规定》对于劳动防护用品配备与使用作了规定：(1) 生产经营单位应当按照《劳动防护用品选用规则》(GB11651) 和国家颁发的劳动防护用品配备标准以及有关规定，为从业人员配备劳动防护用品。(2) 生产经营单位应当安排用于配备劳动防护用品的专项经费。生产经营单位不得以货币或者其他物品替代应当按规定配备的劳动防护用品。(3) 生产经营单位为从业人员提供的劳动防护用品，必须符合国家标准或者行业标准，不得超过使用期限。生产经营单位应当督促、教育从业人员正确佩戴和使用劳动防护用品。(4) 生产经营单位应当建立健全劳动防护用品的采购、验收、保管、发放、使用、报废等管理制度。(5) 生产经营单位不得采购和使用无安全标志的特种劳动防护用品；购买的特种劳动防护用品须经本单位的安全生产技术部门或者管理人员检查验收。(6) 从业人员在作业过程中，必须按照安全生产规章制度和劳动防护用品使用规则，正确佩戴和使用劳动防护用品；未按规定佩戴和使用劳动防护用品的，不得上岗作业。

4. 答：安全举报内容包括：(1) 对发生的安全生产事故隐瞒不报的行为；(2) 对存在的安全生产隐患置之不理、不予处理、对工人的违章操作熟视无睹的行为；(3) 指挥职工违章冒险作业、强令职工进入危险地带作业的行为、安全监察人员自身违章行为；(4) 其他对职工打击报复、侵犯职工安全生产合法权益的行为；(5) 煤矿存在有国务院446号令中认定的15种重大安全生产隐患之一的情况时，可以向上级安全生产监督管理部门举报。

5. 答：新工人入井前必须进行身体健康检查，有禁忌证者不得从事煤矿工作。有下列病症之一的人，不得从事井下工作：癫痫病和精神分裂症患者、风湿病、严重的皮肤病、活动性肺结核及肺外结核病、严重的上呼吸道或支气管疾病；显著影响肺功能的肺脏病或胸膜病变、心血管器质性疾病或者经医疗鉴定，不适于从事井下工作的其他疾病。

第二章　煤矿开采基础知识检测答案

一、填空题

1. 立井开拓　斜井开拓　平硐开拓　综合开拓
2. 安全管理　安全技术　安全卫生
3. 冒顶片帮事故　装岩、运输事故　立井的悬吊与提升事故　水灾事故　火灾事故　瓦斯煤尘事故
4. 房柱式采煤法　房式采煤法
5. 一氧化碳（CO）　硫化氢（H_2S）　二氧化氮（NO_2）　二氧化硫（SO_2）　氨气（NH_3）　氢气（H_2）　瓦斯
6. 中央式通风　对角式通风　混合式通风
7. 压入式　抽出式　混合式
8. 主要通风机（主扇）　辅助通风机（辅扇）　局部通风机（局扇）
9. 采区运输　主大巷运输　提升运输　地面运输
10. 爆炸　爆轰　燃烧

二、选择题

1. B　2. A　3. D　4. C　5. A　6. D　7. C　8. A　9. D　10. C

三、名词解释

1. 立井开拓：立井开拓是利用一对垂直巷道由地面进入井下，并通过一系列

巷道进入煤层的开拓方式。

2. 内因火灾与外因火灾：外因火灾是由于外界热源引起燃烧而造成的。内因火灾是由于某些可燃物质在一定环境和条件下由自热转变为自燃而造成的。

3. 瓦斯监控系统：是在井下采掘工作面及需要监测瓦斯浓度的地点安设多功能探头，24 小时连续不断监测井下瓦斯的浓度，并将其通过井下处理设备转变为电信号，通过电缆传至地面主机房，并通过转换设备将电信号转为数字信号，在计算机及大屏幕上显示出来。

4. 安全技术：安全技术是消除和控制井巷工程施工过程中各种不安全因素而采取的技术防护措施，包括爆破安全技术、预防冒顶片帮、运输与提升安全、安全供电、预防突然涌水、预防井下火灾、认真编制施工安全技术方案。

5. 采煤方法：采煤方法包括区内采煤系统和采煤工艺两部分。

四、简答题

1. 答：防止井巷工程施工中的冒顶片帮事故的措施有：

(1) 作业面放炮以后，必须立即通风，待炮烟吹散之后，派有经验的工人进入工作面进行“敲帮问顶”。

(2) 在不稳固岩层中掘进井巷，最大控顶距要保持在作业规程规定的范围内。

(3) 采用棚式支架时，支架背板一定要背严、背实，不能有空顶空帮现象。

(4) 天井支架的架设必须保证质量。

(5) 主井施工临时支护不宜过长，要经常检查，防止片帮松动。

2. 答：急斜煤层采煤法的主要特点有：

(1) 采煤工作面采下的煤块能自动下滑，从而简化了工作面的运输工作，但下滑的煤块和矸石容易冲倒支架，砸伤人员，给生产带来不安全因素。

(2) 急斜煤层顶板压力垂直作用于支架或煤柱上的分力比缓斜煤层要小，而沿倾斜作用的分力要大，煤层顶底板都有可能沿倾向滑动，支架稳定性差，因而增加了回采和支护工作的复杂性。

(3) 采煤工作面的行人、运料、支护、采空区处理等各项工序的操作都比较困难，增加了机械化采煤的难度。

(4) 以溜煤眼代替缓倾斜煤层中的运煤上山，而以运料眼代替轨道上山，为了安全，分段设行人眼，出矸还需另设溜矸眼。

(5) 急斜煤层都经历强烈的地质变动，地质构造复杂，围岩条件差，再加上采煤工作面推进速度慢，导致采出率变低。

3. 答：两翼对角式通风的适用条件：两翼对角式通风适用于煤层走向长、井田面积大、产量较高的矿井。

两翼对角式通风的优缺点是：

（1）初期投资大，建井期较长。

（2）增加两个回风井场地，压煤多。

（3）矿井通风阻力小，风路短，漏风小。

（4）工业场地没有噪声影响。

（5）比中央式通风的安全可靠性强。特别是对于有瓦斯喷出或有煤与瓦斯突出的矿井应采用对角式通风。

4. 答：敷设在矿井内的电缆，必须遵守如下规定：

（1）在水平巷道或45°以下的井筒内，电缆悬挂高度和位置应保证其不致被车辆碰撞压坏。电缆悬挂点间距应不大于3米，不准将电缆挂在风水管上。电缆上不准悬挂任何物件。电缆与风水管平行敷设时，应设在管子的上方，距管子不得小于0.3米。

（2）在竖井或45°以上的井巷内，电缆悬挂点的距离，在倾斜井巷内不得超过3米；在竖井内不得超过6米，敷设电缆的夹子、卡箍或其他夹持装置，须能承受电缆重量，且不得损坏电缆的外皮。

（3）橡套电缆应有专供接地的芯线，接地芯线不得兼作其他用途。

（4）高、低电缆之间的距离不得小于0.3米。

5. 答：（1）矿井常见运输事故：①行走时，不注意前、后来往的车辆，遇到车辆运行不及时躲避，造成伤亡事故。②不遵守井下的有关规定，爬车、蹬车造成挤伤、摔伤、碰伤或触电。③爆破工在运送爆炸材料时，不按规定进行运送，使雷管受挤压或震动过大而爆炸伤人。④乘坐乘人车时身体伸出车外，车未停稳就急忙上、下车被刮伤、挤伤。⑤人力推车时，不注意前、后行人和车辆，或放飞车，或违反《煤矿安全规程》规定，一人推一部以上车辆，造成碰伤、撞伤、挤伤等伤人事故。⑥巷道断面太小、或侧向推车，造成行人碰伤、挤伤甚至死亡事故。

（2）矿井常见运输事故的原因：①行人违章。如爬车、蹬车；列车运行时在巷道中间行走。②司机违章作业。违章顶车；推车人一人推一部以上车辆；推车人侧向推车。③运输管理不严密。巷道中杂物多、巷道变形未及时修复；缺少必要的阻车器、信号灯。

第三章　煤矿灾害基础知识及典型事故检测答案

一、填空题

1. 甲烷　燃烧或爆炸
2. 游离　吸附
3. 煤（岩）与瓦斯（二氧化碳）突出矿井　高瓦斯矿井　瓦斯矿井
4. 浮尘　落尘
5. 内因火灾　外因火灾
6. 热源　可燃物　氧气
7. 地表水　地下水　老空水　断层水
8. 采煤工作面顶板事故　巷道顶板事故
9. 巷道顶部冒顶掉矸　巷道壁片帮　巷道顶、帮三面大冒落
10. 矽尘　煤尘　水泥粉尘

二、选择题

1. C　2. C　3. B　4. B　5. D　6. A　7. C　8. D　9. C　10. B

三、名词解释

1. 矿井瓦斯是指从煤层或岩层中放出或生产过程中产生并涌入到矿井内的各种气体，它含有甲烷、二氧化碳、氮和数量不等的重烃以及微量的稀有气体，但主要成分是甲烷。
2. 所谓的“一炮三检”制度即是：采掘工作面装药前、放炮前、放炮后，爆破工、班组长、瓦检员都必须在现场，三人都要检查放炮地点附近20米以内风流中的瓦斯，瓦斯浓度达到1%时不准装药、放炮；放炮后瓦斯浓度达到1%时，必须立即处理，并不准用煤电钻打眼作业。
3. 凡是发生在矿井井下或地面，威胁到井下安全生产，造成一定资源和经济损失或者人员伤亡的非控制燃烧称为矿井火灾。
4. 当矿井涌水量超过矿井正常排水能力时即会发生水患，称为矿井水灾。
5. 尘肺病是指由于吸入生产性粉尘而引起的以肺组织纤维化为主的疾病。患者的肺部发生进行性、弥漫性纤维组织增生，逐渐影响呼吸功能及其他系统功能，是一种较严重的职业病。

四、简答题

1. 答：发生瓦斯爆炸时应按如下方式进行应急避险：

(1) 当灾害发生时一定要镇静清醒，不要惊慌失措乱喊乱跑，当听到有感觉的爆炸声响和空气冲击波时，应立即背向声响和气浪传来方向，俯倒，面部贴在地面，头部要尽量地低，有水沟的地方最好趴在水沟边上障碍物后面。

(2) 立即屏住呼吸，用湿毛巾捂住口鼻，防止吸入有毒的高温气体，避免中毒和灼伤气管及内脏。

(3) 用衣物盖住身体是为了护好身体，避免烧伤。

(4) 带好自救器，以防止吸入有毒气体。

(5) 高温气浪和冲击波过后，应立即辨别方向，以最短的距离进入新鲜风流中，并按照避灾路线尽快逃离灾区。

(6) 已无法逃离灾区时，应立即选择避难硐室，充分利用现场的一切器材和设备来保护人员的自身安全。

2. 答：预防外因火灾的主要措施有：

(1) 井下严禁吸烟和使用明火。

(2) 井下严禁使用灯泡取暖和使用电炉。

(3) 瓦斯矿井要使用安全炸药，放炮要遵守安全规程。

(4) 正确选择矿用型（具有不引燃护套）橡套电缆。

(5) 井下和井口房不得从事电焊、气焊、喷灯焊等作业。

(6) 利用火灾检测器及时发现初期火灾。

(7) 井下和硐室内不准存放汽油、煤油和变压器油。

(8) 矿井必须设置地面消防水池和井下消防管路系统确保消防用水。

(9) 新建矿井的永久井架和井口房，或者以井口为中心的联合建筑，都必须用不燃性材料建筑。

(10) 进风口应装设防火铁门，防火铁门必须严密并易于关闭，打开时不妨碍提升、运输和人员通行，并应定期维修；如不设防火铁门，必须有防治烟火进入矿井的安全措施。

3. 答：井下透水前预兆有以下几种：

(1) 煤壁挂红。这是因为水中含有铁的氧化物，在通过煤层或岩层裂隙时，附着在裂隙表面的暗红色水锈。

(2) 煤壁挂汗。当采掘工作面接近积水区时，因水在自身压力作用下，通过煤岩裂隙透过煤岩壁，形成水珠。

(3) 空气变冷。工作面接近积水区时，气温骤然下降，煤壁发凉，人进去有阴冷的感觉，时间越长就越感到阴冷。

(4) 发生雾气。当巷道内温度很高时，积水渗到煤壁后，引起蒸发而形成雾气。

(5) 煤壁、岩层内听到“吱吱”的水叫声时，则表征因水压大水向裂隙挤压发出的响声，说明离水体不远，即将透水。

(6) 顶板淋水加大。这表明已接近积水区。

(7) 水色发浑，有臭味。这是接近老空区积水的象征。

(8) 底板鼓起。

(9) 工作面有害气体增加。积水区向外散发出瓦斯、二氧化碳和硫化氢等有害气体。

(10) 涌水，即水已涌出。

4. 答：采煤工作面内局部冒顶事故防治措施有：

(1) 防止应力集中和放顶不实；

(2) 合理选择工作面推进方向；

(3) 采取正确的支护方法；

(4) 坚持工作面正规循环作业；

(5) 减少顶板暴露面积和缩短顶板暴露时间。

5. 答：尘肺病的防治措施有：

(1) 水利除尘。利用喷雾降尘设备或煤层注水等水利除尘方法，降低工作面及巷道粉尘浓度，保证井下各个工作地点的湿式作业。

(2) 通风除尘。按照《煤矿安全规程》对井下工作地点空气的主要成分的具体规定。按照相关要求计算井下的需风量，井下保证氧气浓度不低于20%，二氧化碳浓度不超过0.5%，氨、一氧化碳、氧化氮、二氧化硫、硫化氢等其他有害气体不得超过最高允许浓度。

(3) 个体防护。在强产尘源和个别不宜安装防尘设备条件下作业的人员，必须佩戴个体防尘用具。个体防尘用具主要包括防尘面罩、防尘帽、防尘呼吸器，防尘口罩等，其目的是使佩戴者既能呼吸净化后的空气，又不影响正常操作。

第四章　煤矿“一通三防”基础知识检测答案

思考题一：

(1) 巷道未打通，造成瓦斯积聚；

（2）瓦斯监控系统故障，造成信号不通，缺乏现场瓦斯监测；

（3）下井人员未带瓦斯监测仪器，无法对瓦斯进行监测；

（4）在未断电的情况下违章检查，产生电火花，造成瓦斯爆炸。

思考题二：

（1）安全培训不到位。违章检修照明，下井工人未佩戴自救器和瓦斯监测器。职工培训不到位，特种作业人员违章检修，缺乏培训，安全意识不高，违反《安全生产法》第二十条和第二十三条之规定。

（2）单位负责人对现场监督检查不到位，致使值班人员，井下人员屡有违章行为，需要加强管理培训，违反《安全生产法》第二十一条之规定。

（3）巷道通风不良，不具备安全条件就生产，违反《安全生产法》第十六条之规定，投入不足，通风不通，瓦斯监测系统损坏，下井人员未配备自救器和瓦斯检测仪，违反《安全生产法》第十八条之规定。

（4）单位负责人不能严格执行法规，教育培训不够，现场管理不到位，安全投入不足，违反《安全生产法》第十七条之规定。

思考题三：

（1）加强通风管理防止瓦斯聚集。

（2）防止引燃瓦斯的火源。

（3）防瓦斯事故扩大。

（4）健全煤矿安全生产责任制和各项管理制度。

（5）健全安全管理机构。

第五章　矿山新工人救护与自救互救知识检测答案

一、填空题

1. 安全撤离　　2. 就地抢救　　3. 一氧化碳

4. 及时进行人工呼吸再转送医院　　5. 先自保后立即救人

6. 迎着新鲜风流　佩戴好自救器

7. 预先设置　当事故出现后因地制宜地构筑临时性

8. 过滤式　隔离式　化学氧　压缩氧

9. 禁止打开　　10. 4300～5000　1000

二、选择题

1. A　2. B　3. A　4. A　5. A　6. B　7. A　8. C　9. C　10. A

三、名词解释

1. 自救器是入井人员在井下发生火灾、瓦斯、煤尘爆炸、煤与瓦斯突出时防止有害气体中毒或缺氧窒息的一种随身携带的呼吸保护器具。自救器是一种体积小、重量轻、便于携带的防护个人呼吸器官的装备。
2. 避难硐室是当灾害发生，人员无法撤出时，为防止有毒、有害气体的侵袭而设立的避难场所。
3. 人工呼吸是抢救伤员的一种急救措施，凡是由于触电、溺水、缺氧窒息、二氧化碳及瓦斯窒息或一氧化碳中毒而处于假死状态的伤员，均可对其施行人工呼吸急救措施。
4. 所谓“自救”就是矿井发生灾变事故后，灾区或受灾变影响区域的人员进行避灾和保护自己的行为。
5. “互救”则是在有效地自救前提下妥善地救护他人的行为。

四、简答题

1. 答：背向空气颤动的方向，俯卧在地，面部贴在地面，闭住气暂停呼吸，用毛巾捂住口鼻，以防把火焰和有害气体吸入肺部。还要用衣服盖严身体，尽量减少人体肌肤暴露面积，以减少烧伤。之后，要迅速按规定佩戴好自救器，弄清方向，沿着避灾路线，尽快撤退到新鲜风流中，若巷道破坏严重，不知撤退是否安全时，可以到支架较完整的地点暂时躲避等待救援。
2. 答：搬运时应注意以下事项：

   (1) 呼吸、心搏骤停及休克昏迷的伤员应先及时复苏后再搬运。

   (2) 对昏迷或者有窒息症状的伤员，要把肩部稍垫高，使头部后仰，面部偏向一侧或采用侧卧位，以防胃内呕吐物或舌头后坠堵塞气管而造成窒息，注意随时保持呼吸道畅通。

   (3) 一般伤员可用担架、木板、风筒、绳网等运送，但脊柱损伤和骨盆骨折的伤员应用硬板担架（井下可用风门板）运送。

   (4) 对一般伤员均应先进行止血、固定、包扎等初步救护后，再进行转运。

   (5) 对脊柱损伤的伤员，要严禁让其坐起、站立和行走。也不能用一人抬头、一人抱腿或人背的方法搬运。

   (6) 搬运胸、腰椎损伤的伤员时，先把硬板担架放在伤员旁，由专人照顾患处，另有两三人在保持脊柱伸直位下，同时用力轻轻将伤员推滚到担架上，推动时用力大小、快慢要保持一致，要保证伤员脊柱不弯曲。

   (7) 一般外伤的伤员，可平卧在担架上，使伤肢抬高。

(8) 转运伤员时应让伤员的头部在后面，随行的救护人员要时刻注意伤员的面色、呼吸、脉搏，必要时要及时抢救。同时应注意伤口情况。

(9) 运送到井上，应向接管医生详细介绍受伤情况及检查、抢救经过。

3. 答：(1) 先将伤员搬至安全、通风、保暖的地方。

(2) 平卧于平坦的硬地上或木板上。

(3) 肩部用衣物垫高，使颈部呈过伸状态。

(4) 解松伤员的衣扣、裤带、裸露前胸。

(5) 清除伤员口、鼻内的异物和黏液及呕吐物，确保呼吸畅通。

(6) 使伤员的头部尽量后仰，使下颌角至耳垂的连线垂直于地面，使下牙超过上牙高度。

(7) 面部偏向一侧，防止舌根后坠堵塞呼吸道。

4. 答：用清水或自来水充分冷却烧伤部位；用消毒纱布或干净布等包裹伤面；伤员口渴时可饮少量淡盐水；紧急处理后可使用抗生素药物，预防感染；伤员发生休克时，可用针刺或使用止痛药止痛；对呼吸道烧伤者，注意疏通呼吸道，防止异物堵塞。

5. 答：(1) 发生有人触电应立即用就近开关切断电源，使触电者脱离电源；或用绝缘可靠的工具将触电者拨离电源。脱离电源时，注意别使触电者摔伤。

(2) 触电者脱离电源后，如果现场很安全尽量就地抢救。如果触电者未失去知觉，神志清醒，或曾一度昏迷，继而只是自感心慌、四肢麻木、全身无力，则应使之安静，继续观察，并请医务人员前来处理。如果触电者已失去知觉，但心脏继续跳动，尚在呼吸，应使其舒适、安静地平卧，解开衣领，以利呼吸；如果呼吸困难，且不时发生抽动，则应进行人工呼吸和心脏按压。如果触电者呼吸、脉搏、心跳均已停止，就必须进行人工呼吸和心脏按压，紧急救护。

附录二　中华人民共和国安全生产法
（2014年修正）

（2002年6月29日第九届全国人民代表大会常务委员会第二十八次会议通过；2002年6月29日中华人民共和国主席令第七十号公布自2002年11月1日起施行；根据2014年8月31日第十二届全国人民代表大会常务委员会关于修改《中华人民共和国安全生产法》的决定，修正自2014年12月1日起施行）

目　录

第一章　总　则

第一条　为了加强安全生产工作，防止和减少生产安全事故，保障人民群众生命和财产安全，促进经济社会持续健康发展，制定本法。

第二条　在中华人民共和国领域内从事生产经营活动的单位（以下统称生产经营单位）的安全生产，适用本法；有关法律、行政法规对消防安全和道路交通安全、铁路交通安全、水上交通安全、民用航空安全以及核与辐射安全、特种设备安全另有规定的，适用其规定。

第三条　安全生产工作应当以人为本，坚持安全发展，坚持安全第一、预防为主、综合治理的方针，强化和落实生产经营单位的主体责任，

建立生产经营单位负责、职工参与、政府监管、行业自律和社会监督的机制。

第四条　生产经营单位必须遵守本法和其他有关安全生产的法律、法规，加强安全生产管理，建立、健全安全生产责任制和安全生产规章制度，改善安全生产条件，推进安全生产标准化建设，提高安全生产水平，确保安全生产。

第五条　生产经营单位的主要负责人对本单位的安全生产工作全面负责。

第六条　生产经营单位的从业人员有依法获得安全生产保障的权利，并应当依法履行安全生产方面的义务。

第七条　工会依法对安全生产工作进行监督。

生产经营单位的工会依法组织职工参加本单位安全生产工作的民主管理和民主监督，维护职工在安全生产方面的合法权益。生产经营单位制定或者修改有关安全生产的规章制度，应当听取工会的意见。

第八条　国务院和县级以上地方各级人民政府应当根据国民经济和社会发展规划制定安全生产规划，并组织实施。安全生产规划应当与城乡规划相衔接。

国务院和县级以上地方各级人民政府应当加强对安全生产工作的领导，支持、督促各有关部门依法履行安全生产监督管理职责，建立健全安全生产工作协调机制，及时协调、解决安全生产监督管理中存在的重大问题。

乡、镇人民政府以及街道办事处、开发区管理机构等地方人民政府的派出机关应当按照职责，加强对本行政区域内生产经营单位安全生产状况的监督检查，协助上级人民政府有关部门依法履行安全生产监督管理职责。

第九条　国务院安全生产监督管理部门依照本法，对全国安全生产工作实施综合监督管理；县级以上地方各级人民政府安全生产监督管理部门依照本法，对本行政区域内安全生产工作实施综合监督管理。

国务院有关部门依照本法和其他有关法律、行政法规的规定，在各自的职责范围内对有关行业、领域的安全生产工作实施监督管理；县级以上地方各级人民政府有关部门依照本法和其他有关法律、法规的规定，在各自的职责范围内对有关行业、领域的安全生产工作实施监督管理。

安全生产监督管理部门和对有关行业、领域的安全生产工作实施监督管理的部门，统称负有安全生产监督管理职责的部门。

第十条　国务院有关部门应当按照保障安全生产的要求，依法及时制定有关的国家标准或者行业标准，并根据科技进步和经济发展适时修订。

生产经营单位必须执行依法制定的保障安全生产的国家标准或者行业标准。

第十一条　各级人民政府及其有关部门应当采取多种形式，加强对有关安全生产的法律、法规和安全生产知识的宣传，增强全社会的安全生产意识。

第十二条　有关协会组织依照法律、行政法规和章程，为生产经营单位提供安全生产方面的信息、培训等服务，发挥自律作用，促进生产经营单位加强安全生产管理。

第十三条　依法设立的为安全生产提供技术、管理服务的机构，依照法律、行政法规和执业准则，接受生产经营单位的委托为其安全生产工作提供技术、管理服务。

生产经营单位委托前款规定的机构提供安全生产技术、管理服务的，保证安全生产的责任仍由本单位负责。

第十四条　国家实行生产安全事故责任追究制度，依照本法和有关法律、法规的规定，追究生产安全事故责任人员的法律责任。

第十五条　国家鼓励和支持安全生产科学技术研究和安全生产先进技术的推广应用，提高安全生产水平。

第十六条　国家对在改善安全生产条件、防止生产安全事故、参加抢险救护等方面取得显著成绩的单位和个人，给予奖励。

第二章　生产经营单位的安全生产保障

第十七条　生产经营单位应当具备本法和有关法律、行政法规和国家标准或者行业标准规定的安全生产条件；不具备安全生产条件的，不得从事生产经营活动。

第十八条　生产经营单位的主要负责人对本单位安全生产工作负有下列职责：

（一）建立、健全本单位安全生产责任制；

（二）组织制定本单位安全生产规章制度和操作规程；

（三）保证本单位安全生产投入的有效实施；

（四）督促、检查本单位的安全生产工作，及时消除生产安全事故隐患；

（五）组织制定并实施本单位的生产安全事故应急救援预案；

（六）及时、如实报告生产安全事故；

（七）组织制定并实施本单位安全生产教育和培训计划。

第十九条　生产经营单位的安全生产责任制应当明确各岗位的责任人员、责任范围和考核标准等内容。

生产经营单位应当建立相应的机制，加强对安全生产责任制落实情况的监督考核，保证安全生产责任制的落实。

第二十条　生产经营单位应当具备的安全生产条件所必需的资金投入，由生产经营单位的决策机构、主要负责人或者个人经营的投资人予以保证，并对由于安全生产所必需的资金投入不足导致的后果承担责任。

有关生产经营单位应当按照规定提取和使用安全生产费用，专门用于改善安全生产条件。安全生产费用在成本中据实列支。安全生产费用提取、使用和监督管理的具体办法由国务院财政部门会同国务院安全生产监督管理部门征求国务院有关部门意见后制定。

第二十一条　矿山、金属冶炼、建筑施工、道路运输单位和危险物品的生产、经营、储存单位，应当设置安全生产管理机构或者配备专职安全生产管理人员。

前款规定以外的其他生产经营单位，从业人员超过一百人的，应当设置安全生产管理机构或者配备专职安全生产管理人员；从业人员在一百人以下的，应当配备专职或者兼职的安全生产管理人员。

第二十二条　生产经营单位的安全生产管理机构以及安全生产管理人员履行下列职责：

（一）组织或者参与拟订本单位安全生产规章制度、操作规程和生产安全事故应急救援预案；

（二）组织或者参与本单位安全生产教育和培训，如实记录安全生产教育和培训情况；

（三）督促落实本单位重大危险源的安全管理措施；

（四）组织或者参与本单位应急救援演练；

（五）检查本单位的安全生产状况，及时排查生产安全事故隐患，提出改进安全生产管理的建议；

（六）制止和纠正违章指挥、强令冒险作业、违反操作规程的行为；

（七）督促落实本单位安全生产整改措施。

第二十三条　生产经营单位的安全生产管理机构以及安全生产管理人员应当恪尽职守，依法履行职责。

生产经营单位作出涉及安全生产的经营决策，应当听取安全生产管理机构以及安全生产管理人员的意见。

生产经营单位不得因安全生产管理人员依法履行职责而降低其工资、福利等待遇或者解除与其订立的劳动合同。

危险物品的生产、储存单位以及矿山、金属冶炼单位的安全生产管理人员的任免，应当告知主管的负有安全生产监督管理职责的部门。

第二十四条　生产经营单位的主要负责人和安全生产管理人员必须具备与本单位所从事的生产经营活动相应的安全生产知识和管理能力。

危险物品的生产、经营、储存单位以及矿山、金属冶炼、建筑施工、道路运输单位的主要负责人和安全生产管理人员，应当由主管的负有安全生产监督管理职责的部门对其安全生产知识和管理能力考核合格。考核不得收费。

危险物品的生产、储存单位以及矿山、金属冶炼单位应当有注册安全工程师从事安全生产管理工作。鼓励其他生产经营单位聘用注册安全工程师从事安全生产管理工作。注册安全工程师按专业分类管理，具体办法由国务院人力资源和社会保障部门、国务院安全生产监督管理部门会同国务院有关部门制定。

第二十五条　生产经营单位应当对从业人员进行安全生产教育和培训，保证从业人员具备必要的安全生产知识，熟悉有关的安全生产规章制度和安全操作规程，掌握本岗位的安全操作技能，了解事故应急处理措施，知悉自身在安全生产方面的权利和义务。未经安全生产教育和培训合格的从业人员，不得上岗作业。

生产经营单位使用被派遣劳动者的，应当将被派遣劳动者纳入本单位从业人员统一管理，对被派遣劳动者进行岗位安全操作规程和安全操作技能的教育和培训。劳务派遣单位应当对被派遣劳动者进行必要的安全生产教育和培训。

生产经营单位应当建立安全生产教育和培训档案，如实记录安全生产教育和培训的时间、内容、参加人员以及考核结果等情况。

第二十六条　生产经营单位采用新工艺、新技术、新材料或者使用新设备，必须了解、掌握其安全技术特性，采取有效的安全防护措施，并对从业人员进行专门的安全生产教育和培训。

第二十七条　生产经营单位的特种作业人员必须按照国家有关规定经专门的安全作业培训，取得相应资格，方可上岗作业。

特种作业人员的范围由国务院负安全生产监督管理部门会同国务院有关部门确定。

第二十八条　生产经营单位新建、改建、扩建工程项目（以下统称建设项目）的安全设施，必须与主体工程同时设计、同时施工、同时投入生产和使用。安全设施投资应当纳入建设项目概算。

第二十九条　矿山、金属冶炼建设项目和用于生产、储存、装卸危险物品的建设项目，应当按照国家有关规定进行安全评价。

第三十条　建设项目安全设施的设计人、设计单位应当对安全设施设计负责。

矿山、金属冶炼建设项目和用于生产、储存、装卸危险物品的建设项目的安全设施设计应当按照国家有关规定报经有关部门审查，审查部门及其负责审查的人员对审查结果负责。

第三十一条　矿山、金属冶炼建设项目和用于生产、储存、装卸危险物品的建设项目的施工单位必须按照批准的安全设施设计施工，并对安全设施的工程质量负责。

矿山、金属冶炼建设项目和用于生产、储存危险物品的建设项目竣工投入生产或者使用前，应当由建设单位负责组织对安全设施进行验收；验收合格后，方可投入生产和使用。安全生产监督管理部门应当加强对建设单位验收活动和验收结果的监督核查。

第三十二条　生产经营单位应当在有较大危险因素的生产经营场所和有关设施、设备上，设置明显的安全警示标志。

第三十三条　安全设备的设计、制造、安装、使用、检测、维修、改造和报废，应当符合国家标准或者行业标准。

生产经营单位必须对安全设备进行经常性维护、保养，并定期检测，保证正常运转。维护、保养、检测应当作好记录，并由有关人员签字。

第三十四条　生产经营单位使用的危险物品的容器、运输工具，以及涉及人身安全、危险性较大的海洋石油开采特种设备和矿山井下特种设备，必须按照国家有关规定，由专业生产单位生产，并经具有专业资质的检测、检验机构检测、检验合格，取得安全使用证或者安全标志，方可投入使用。检测、检验机构对检测、检验结果负责。

第三十五条　国家对严重危及生产安全的工艺、设备实行淘汰制度，具体目录由国务院安全生产监督管理部门会同国务院有关部门制定并公布。法律、行政法规对目录的制定另有规定的，适用其规定。

省、自治区、直辖市人民政府可以根据本地区实际情况制定并公布具体目录，对前款规定以外的危及生产安全的工艺、设备予以淘汰。

生产经营单位不得使用应当淘汰的危及生产安全的工艺、设备。

第三十六条　生产、经营、运输、储存、使用危险物品或者处置废弃危险物品的，由有关主管部门依照有关法律、法规的规定和国家标准或者行业标准审批并实施监督管理。

生产经营单位生产、经营、运输、储存、使用危险物品或者处置废弃危险物品，必须执行有关法律、法规和国家标准或者行业标准，建立专门的安全管理制度，采取可靠的安全措施，接受有关主管部门依法实施的监督管理。

第三十七条　生产经营单位对重大危险源应当登记建档，进行定期检测、评估、监控，并制定应急预案，告知从业人员和相关人员在紧急情况下应当采取的应急措施。

生产经营单位应当按照国家有关规定将本单位重大危险源及有关安全措施、应急措施报有关地方人民政府安全生产监督管理部门和有关部门备案。

第三十八条　生产经营单位应当建立健全生产安全事故隐患排查治理制度，采取技术、管理措施，及时发现并消除事故隐患。事故隐患排查治理情况应当如实记录，并向从业人员通报。

县级以上地方各级人民政府负有安全生产监督管理职责的部门应当建立健全重大事故隐患治理督办制度，督促生产经营单位消除重大事故隐患。

第三十九条　生产、经营、储存、使用危险物品的车间、商店、仓库不得与员工宿舍在同一座建筑物内，并应当与员工宿舍保持安全距离。

生产经营场所和员工宿舍应当设有符合紧急疏散要求、标志明显、保持畅通的出口。禁止锁闭、封堵生产经营场所或者员工宿舍的出口。

第四十条　生产经营单位进行爆破、吊装以及国务院安全生产监督管理部门会同国务院有关部门规定的其他危险作业，应当安排专门人员进行现场安全管理，确保操作规程的遵守和安全措施的落实。

第四十一条　生产经营单位应当教育和督促从业人员严格执行本单位的安全生产规章制度和安全操作规程；并向从业人员如实告知作业场所和工作岗位存在的危险因素、防范措施以及事故应急措施。

第四十二条　生产经营单位必须为从业人员提供符合国家标准或者行业标准的劳动防护用品，并监督、教育从业人员按照使用规则佩戴、使用。

第四十三条　生产经营单位的安全生产管理人员应当根据本单位的生产经营特点，对安全生产状况进行经常性检查；对检查中发现的安全问题，应当立即处理；不能处理的，应当及时报告本单位有关负责人，有关负责人应当及时处理。检查及处理情况应当如实记录在案。

生产经营单位的安全生产管理人员在检查中发现重大事故隐患，依照前款规定向本单位有关负责人报告，有关负责人不及时处理的，安全生产管理人员可以向主管的负有安全生产监督管理职责的部门报告，接到报告的部门应当依法及时处理。

第四十四条　生产经营单位应当安排用于配备劳动防护用品、进行安全生产培训的经费。

第四十五条　两个以上生产经营单位在同一作业区域内进行生产经营活动，可能危及对方生产安全的，应当签订安全生产管理协议，明确各自的安全生产管理职责和应当采取的安全措施，并指定专职安全生产管理人员进行安全检查与协调。

第四十六条　生产经营单位不得将生产经营项目、场所、设备发包或者出租给不具备安全生产条件或者相应资质的单位或者个人。

生产经营项目、场所发包或者出租给其他单位的，生产经营单位应当与承包单位、承租单位签订专门的安全生产管理协议，或者在承包合同、租赁合同中约定各自的安全生产管理职责；生产经营单位对承包单位、承租单位的安全生产工作统一协调、管理，定期进行安全检查，发现安全问题的，应当及时督促整改。

第四十七条　生产经营单位发生生产安全事故时，单位的主要负责人应当立即组织抢救，并不得在事故调查处理期间擅离职守。

第四十八条　生产经营单位必须依法参加工伤保险，为从业人员缴纳保险费。

国家鼓励生产经营单位投保安全生产责任保险。

第三章　从业人员的安全生产权利义务

第四十九条　生产经营单位与从业人员订立的劳动合同，应当载明有关保障从业人员劳动安全、防止职业危害的事项，以及依法为从业人员办理工伤保险的事项。

生产经营单位不得以任何形式与从业人员订立协议，免除或者减轻其对从业人员因生产安全事故伤亡依法应承担的责任。

第五十条　生产经营单位的从业人员有权了解其作业场所和工作岗位存在的危险因素、防范措施及事故应急措施，有权对本单位的安全生产工作提出建议。

第五十一条　从业人员有权对本单位安全生产工作中存在的问题提出批评、检举、控告；有权拒绝违章指挥和强令冒险作业。

生产经营单位不得因从业人员对本单位安全生产工作提出批评、检举、控告或者拒绝违章指挥、强令冒险作业而降低其工资、福利等待遇或者解除与其订立的劳动合同。

第五十二条　从业人员发现直接危及人身安全的紧急情况时，有权停止作业或者在采取可能的应急措施后撤离作业场所。

生产经营单位不得因从业人员在前款紧急情况下停止作业或者采取紧急撤离措施而降低其工资、福利等待遇或者解除与其订立的劳动合同。

第五十三条　因生产安全事故受到损害的从业人员，除依法享有工伤保险外，依照有关民事法律尚有获得赔偿的权利的，有权向本单位提出赔偿要求。

第五十四条　从业人员在作业过程中，应当严格遵守本单位的安全生产规章制度和操作规程，服从管理，正确佩戴和使用劳动防护用品。

第五十五条　从业人员应当接受安全生产教育和培训，掌握本职工作所需的安全生产知识，提高安全生产技能，增强事故预防和应急处理能力。

第五十六条　从业人员发现事故隐患或者其他不安全因素，应当立即向现场安全生产管理人员或者本单位负责人报告；接到报告的人员应当及时予以处理。

第五十七条　工会有权对建设项目的安全设施与主体工程同时设计、同时施工、同时投入生产和使用进行监督，提出意见。

工会对生产经营单位违反安全生产法律、法规，侵犯从业人员合法权益的行为，有权要求纠正；发现生产经营单位违章指挥、强令冒险作业或者发现事故隐患时，有权提出解决的建议，生产经营单位应当及时研究答复；发现危及从业人员生命安全的情况时，有权向生产经营单位建议组织从业人员撤离危险场所，生产经营单位必须立即作出处理。

工会有权依法参加事故调查，向有关部门提出处理意见，并要求追究有关人员的责任。

第五十八条　生产经营单位使用被派遣劳动者的，被派遣劳动者享有本法规定的从业人员的权利，并应当履行本法规定的从业人员的义务。

第四章　安全生产的监督管理

第五十九条　县级以上地方各级人民政府应当根据本行政区域内的安全生产状况，组织有关部门按照职责分工，对本行政区域内容易发生重大生产安全事故的生产经营单位进行严格检查。

安全生产监督管理部门应当按照分类分级监督管理的要求，制定安全生产年度监督检查计划，并按照年度监督检查计划进行监督检查，发现事故隐患，应当及时处理。

第六十条　负有安全生产监督管理职责的部门依照有关法律、法规的规定，对涉及安全生产的事项需要审查批准（包括批准、核准、许可、注册、认证、颁发证照等，下同）或者验收的，必须严格依照有关法律、法规和国家标准或者行业标准规定的安全生产条件和程序进行审查；不符合有关法律、法规和国家标准或者行业标准规定的安全生产条件的，不得批准或者验收通过。对未依法取得批准或者验收合格的单位擅自从事有关活动的，负责行政审批的部门发现或者接到举报后应当立即予以取缔，并依法予以处理。对已经依法取得批准的单位，负责行政审批的部门发现其不再具备安全生产条件的，应当撤销原批准。

第六十一条　负有安全生产监督管理职责的部门对涉及安全生产的事项进行审查、验收，不得收取费用；不得要求接受审查、验收的单位购买其指定品牌或者指定生产、销售单位的安全设备、器材或者其他产品。

第六十二条　安全生产监督管理部门和其他负有安全生产监督管理职责的部门依法开展安全生产行政执法工作，对生产经营单位执行有关安全生产的法律、法规和国家标准或者行业标准的情况进行监督检查，行使以下职权：

（一）进入生产经营单位进行检查，调阅有关资料，向有关单位和人员了解情况；

（二）对检查中发现的安全生产违法行为，当场予以纠正或者要求限期改正；对依法应当给予行政处罚的行为，依照本法和其他有关法律、行政法规的规定作出行政处罚决定；

（三）对检查中发现的事故隐患，应当责令立即排除；重大事故隐患排除前或者排除过程中无法保证安全的，应当责令从危险区域内撤出作业人员，责令暂时停产停业或者停止使用相关设施、设备；重大事故隐患排除后，经审查同意，方可恢复生产经营和使用；

（四）对有根据认为不符合保障安全生产的国家标准或者行业标准的设施、设备、器材以及违法生产、储存、使用、经营、运输的危险物品予以查封或者扣押，对违法生产、储存、使用、经营危险物品的作业场所予以查封，并依法作出处理决定。

监督检查不得影响被检查单位的正常生产经营活动。

第六十三条　生产经营单位对负有安全生产监督管理职责的部门的监督检查人员（以下统称安全生产监督检查人员）依法履行监督检查职责，应当予以配合，不得拒绝、阻挠。

第六十四条　安全生产监督检查人员应当忠于职守，坚持原则，秉公执法。

安全生产监督检查人员执行监督检查任务时，必须出示有效的监督执法证件；对涉及被检查单位的技术秘密和业务秘密，应当为其保密。

第六十五条　安全生产监督检查人员应当将检查的时间、地点、内容、发现的问题及其处理情况，作出书面记录，并由检查人员和被检查单位的负责人签字；被检查单位的负责人拒绝签字的，检查人员应当将情况记录在案，并向负有安全生产监督管理职责的部门报告。

第六十六条　负有安全生产监督管理职责的部门在监督检查中，应当互相配合，实行联合检查；确需分别进行检查的，应当互通情况，发现存在的安全问题应当由其他有关部门进行处理的，应当及时移送其他有关部门并形成记录备查，接受移送的部门应当及时进行处理。

第六十七条　负有安全生产监督管理职责的部门依法对存在重大事故隐患的生产经营单位作出停产停业、停止施工、停止使用相关设施或者设备的决定，生产经营单位应当依法执行，及时消除事故隐患。生产经营单位拒不执行，有发生生产安全事故的现实危险的，在保证安全的前提下，经本部门主要负责人批准，负有安全生产监督管理职责的部门可以采取通知有关单位停止供电、停止供应民用爆炸物品等措施，强制生产经营单位履行决定。通知应当采用书面形式，有关单位应当予以配合。

负有安全生产监督管理职责的部门依照前款规定采取停止供电措施，除有危及生产安全的紧急情形外，应当提前二十四小时通知生产经营单位。生产经营单位依法履行行政决定、采取相应措施消除事故隐患的，负有安全生产监督管理职责的部门应当及时解除前款规定的措施。

第六十八条　监察机关依照行政监察法的规定，对负有安全生产监督管理职责的部门及其工作人员履行安全生产监督管理职责实施监察。

第六十九条　承担安全评价、认证、检测、检验的机构应当具备国家规定的资质条件，并对其作出的安全评价、认证、检测、检验的结果负责。

第七十条　负有安全生产监督管理职责的部门应当建立举报制度，公开举报电话、信箱或者电子邮件地址，受理有关安全生产的举报；受理的举报事项经调查核实后，应当形成书面材料；需要落实整改措施的，报经有关负责人签字并督促落实。

第七十一条　任何单位或者个人对事故隐患或者安全生产违法行为，均有权向负有安全生产监督管理职责的部门报告或者举报。

第七十二条　居民委员会、村民委员会发现其所在区域内的生产经营单位存在事故隐患或者安全生产违法行为时，应当向当地人民政府或者有关部门报告。

第七十三条　县级以上各级人民政府及其有关部门对报告重大事故隐患或者举报安全生产违法行为的有功人员，给予奖励。具体奖励办法由国务院安全生产监督管理部门会同国务院财政部门制定。

第七十四条　新闻、出版、广播、电影、电视等单位有进行安全生产公益宣传教育的义务，有对违反安全生产法律、法规的行为进行舆论监督的权利。

第七十五条　负有安全生产监督管理职责的部门应当建立安全生产违法行为信息库，如实记录生产经营单位的安全生产违法行为信息；对违法行为情节严重的生产经营单位，应当向社会公告，并通报行业主管部门、投资主管部门、国土资源主管部门、证券监督管理机构以及有关金融机构。

第五章　生产安全事故的应急救援与调查处理

第七十六条　国家加强生产安全事故应急能力建设，在重点行业、领域建立应急救援基地和应急救援队伍，鼓励生产经营单位和其他社会力量建立应急救援队伍，配备相应的应急救援装备和物资，提高应急救援的专业化水平。

国务院安全生产监督管理部门建立全国统一的生产安全事故应急救援信息系统，国务院有关部门建立健全相关行业、领域的生产安全事故应急救援信息系统。

第七十七条　县级以上地方各级人民政府应当组织有关部门制定本行政区域内特大生产安全事故应急救援预案，建立应急救援体系。

第七十八条　生产经营单位应当制定本单位生产安全事故应急救援预案，与所在地县级以上地方人民政府组织制定的生产安全事故应急救援预案相衔接，并定期组织演练。

第七十九条　危险物品的生产、经营、储存单位以及矿山、金属冶炼、城市轨道交通运营、建筑施工单位应当建立应急救援组织；生产经营规模较小的，可以不建立应急救援组织，但应当指定兼职的应急救援人员。

危险物品的生产、经营、储存、运输单位以及矿山、金属冶炼、城市轨道交通运营、建筑施工单位应当配备必要的应急救援器材、设备和物资，并进行经常性维护、保养，保证正常运转。

第八十条　生产经营单位发生生产安全事故后，事故现场有关人员应当立即报告本单位负责人。

单位负责人接到事故报告后，应当迅速采取有效措施，组织抢救，防止事故扩大，减少人员伤亡和财产损失，并按照国家有关规定立即如实报告当地负有安全生产监督管理职责的部门，不得隐瞒不报、谎报或者迟报，不得故意破坏事故现场、毁灭有关证据。

第八十一条　负有安全生产监督管理职责的部门接到事故报告后，应当立即按照国家有关规定上报事故情况。负有安全生产监督管理职责的部门和有关地方人民政府对事故情况不得隐瞒不报、谎报或者迟报。

第八十二条　有关地方人民政府和负有安全生产监督管理职责的部门的负责人接到生产安全事故报告后，应当按照生产安全事故应急救援预案的要求立即赶到事故现场，组织事故抢救。

参与事故抢救的部门和单位应当服从统一指挥，加强协同联动，采取有效的应急救援措施，并根据事故救援的需要采取警戒、疏散等措施，防止事故扩大和次生灾害的发生，减少人员伤亡和财产损失。

事故抢救过程中应当采取必要措施，避免或者减少对环境造成的危害。

任何单位和个人都应当支持、配合事故抢救，并提供一切便利条件。

第八十三条　事故调查处理应当按照科学严谨、依法依规、实事求是、注重实效的原则，及时、准确地查清事故原因，查明事故性质和责任，总结事故教训，提出整改措施，并对事故责任者提出处理意见。事故调查报告应当依法及时向社会公布。事故调查和处理的具体办法由国务院制定。

事故发生单位应当及时全面落实整改措施，负有安全生产监督管理职责的部门应当加强监督检查。

第八十四条　生产经营单位发生生产安全事故，经调查确定为责任事故的，除了应当查明事故单位的责任并依法予以追究外，还应当查明对安全生产的有关事项负有审查批准和监督职责的行政部门的责任，对有失职、渎职行为的，依照本法第七十七条的规定追究法律责任。

第八十五条　任何单位和个人不得阻挠和干涉对事故的依法调查处理。

第八十六条　县级以上地方各级人民政府安全生产监督管理部门应当定期统计分析本行政区域内发生生产安全事故的情况，并定期向社会公布。

第六章　法律责任

第八十七条　负有安全生产监督管理职责的部门的工作人员，有下列行为之一的，给予降级或者撤职的处分；构成犯罪的，依照刑法有关规定追究刑事责任：

（一）对不符合法定安全生产条件的涉及安全生产的事项予以批准或者验收通过的；

（二）发现未依法取得批准、验收的单位擅自从事有关活动或者接到举报后不予取缔或者不依法予以处理的；

（三）对已经依法取得批准的单位不履行监督管理职责，发现其不再具备安全生产条件而不撤销原批准或者发现安全生产违法行为不予查处的；

（四）在监督检查中发现重大事故隐患，不依法及时处理的。

负有安全生产监督管理职责的部门的工作人员有前款规定以外的滥用职权、玩忽职守、徇私舞弊行为的，依法给予处分；构成犯罪的，依照刑法有关规定追究刑事责任。

第八十八条　负有安全生产监督管理职责的部门，要求被审查、验收的单位购买其指定的安全设备、器材或者其他产品的，在对安全生产事项的审查、验收中收取费用的，由其上级机关或者监察机关责令改正，责令退还收取的费用；情节严重的，对直接负责的主管人员和其他直接责任人员依法给予处分。

第八十九条　承担安全评价、认证、检测、检验工作的机构，出具虚假证明的，没收违法所得；违法所得在十万元以上的，并处违法所得二倍以上五倍以下的罚款；没有违法所得或者违法所得不足十万元的，单处或者并处十万元以上二十万元以下的罚款；对其直接负责的主管人员和其他直接责任人员处二万元以上五万元以下的罚款；给他人造成损害的，与生产经营单位承担连带赔偿责任；构成犯罪的，依照刑法有关规定追究刑事责任。

对有前款违法行为的机构，吊销其相应资质。

第九十条　生产经营单位的决策机构、主要负责人或者个人经营的投资人不依照本法规定保证安全生产所必需的资金投入，致使生产经营单位不具备安全生产条件的，责令限期改正，提供必需的资金；逾期未改正的，责令生产经营单位停产停业整顿。

有前款违法行为，导致发生生产安全事故的，对生产经营单位的主要负责人给予撤职处分，对个人经营的投资人处二万元以上二十万元以下的罚款；构成犯罪的，依照刑法有关规定追究刑事责任。

第九十一条　生产经营单位的主要负责人未履行本法规定的安全生产管理职责的，责令限期改正；逾期未改正的，处二万元以上五万元以下的罚款，责令生产经营单位停产停业整顿。

生产经营单位的主要负责人有前款违法行为，导致发生生产安全事故的，给予撤职处分；构成犯罪的，依照刑法有关规定追究刑事责任。

生产经营单位的主要负责人依照前款规定受刑事处罚或者撤职处分的，自刑罚执行完毕或者受处分之日起，五年内不得担任任何生产经营单位的主要负责人；对重大、特别重大生产安全事故负有责任的，终身不得担任本行业生产经营单位的主要负责人。

第九十二条　生产经营单位的主要负责人未履行本法规定的安全生产管理职责，导致发生生产安全事故的，由安全生产监督管理部门依照下列规定处以罚款：

（一）发生一般事故的，处上一年年收入百分之三十的罚款；

（二）发生较大事故的，处上一年年收入百分之四十的罚款；

（三）发生重大事故的，处上一年年收入百分之六十的罚款；

（四）发生特别重大事故的，处上一年年收入百分之八十的罚款。

第九十三条　生产经营单位的安全生产管理人员未履行本法规定的安全生产管理职责的，责令限期改正；导致发生生产安全事故的，暂停或者撤销其与安全生产有关的资格；构成犯罪的，依照刑法有关规定追究刑事责任。

第九十四条　生产经营单位有下列行为之一的，责令限期改正，可以处五万元以下的罚款；逾期未改正的，责令停产停业整顿，并处五万元以上十万元以下的罚款，对其直接负责的主管人员和其他直接责任人员处一万元以上二万元以下的罚款：

（一）未按照规定设置安全生产管理机构或者配备安全生产管理人员的；

（二）危险物品的生产、经营、储存单位以及矿山、金属冶炼、建筑施工、道路运输单位的主要负责人和安全生产管理人员未按照规定经考核合格的；

（三）未按照规定对从业人员、被派遣劳动者、实习学生进行安全生产教育和培训，或者未按照规定如实告知有关的安全生产事项的；

（四）未如实记录安全生产教育和培训情况的；

（五）未将事故隐患排查治理情况如实记录或者未向从业人员通报的；

（六）未按照规定制定生产安全事故应急救援预案或者未定期组织演练的；

（七）特种作业人员未按照规定经专门的安全作业培训并取得相应资格，上岗作业的。

第九十五条　生产经营单位有下列行为之一的，责令停止建设或者停产停业整顿，限期改正；逾期未改正的，处五十万元以上一百万元以下的罚款，对其直接负责的主管人员和其他直接责任人员处二万元以上五万元以下的罚款；构成犯罪的，依照刑法有关规定追究刑事责任：

（一）未按照规定对矿山、金属冶炼建设项目或者用于生产、储存、装卸危险物品的建设项目进行安全评价的；

（二）矿山、金属冶炼建设项目或者用于生产、储存、装卸危险物品的建设项目没有安全设施设计或者安全设施设计未按照规定报经有关部门审查同意的；

（三）矿山、金属冶炼建设项目或者用于生产、储存、装卸危险物品的建设项目的施工单位未按照批准的安全设施设计施工的；

（四）矿山、金属冶炼建设项目或者用于生产、储存危险物品的建设项目竣工投入生产或者使用前，安全设施未经验收合格的。

第九十六条　生产经营单位有下列行为之一的，责令限期改正，可以处五万元以下的罚款；逾期未改正的，处五万元以上二十万元以下的罚款，对其直接负责的主管人员和其他直接责任人员处一万元以上二万元以下的罚款；情节严重的，责令停产停业整顿；构成犯罪的，依照刑法有关规定追究刑事责任：

（一）未在有较大危险因素的生产经营场所和有关设施、设备上设置明显的安全警示标志的；

（二）安全设备的安装、使用、检测、改造和报废不符合国家标准或者行业标准的；

（三）未对安全设备进行经常性维护、保养和定期检测的；

（四）未为从业人员提供符合国家标准或者行业标准的劳动防护用品的；

（五）危险物品的容器、运输工具，以及涉及人身安全、危险性较大的海洋石油开采特种设备和矿山井下特种设备未经具有专业资质的机构检测、检验合格，取得安全使用证或者安全标志，投入使用的；

（六）使用应当淘汰的危及生产安全的工艺、设备的。

第九十七条　未经依法批准，擅自生产、经营、运输、储存、使用危险物品或者处置废弃危险物品的，依照有关危险物品安全管理的法律、行政法规的规定予以处罚；构成犯罪的，依照刑法有关规定追究刑事责任。

第九十八条　生产经营单位有下列行为之一的，责令限期改正，可以处十万元以下的罚款；逾期未改正的，责令停产停业整顿，并处十万元以上二十万元以下的罚款，对其直接负责的主管人员和其他直接责任人员处二万元以上五万元以下的罚款；构成犯罪的，依照刑法有关规定追究刑事责任：

（一）生产、经营、运输、储存、使用危险物品或者处置废弃危险物品，未建立专门安全管理制度、未采取可靠的安全措施的；

（二）对重大危险源未登记建档，或者未进行评估、监控，或者未制定应急预案的；

（三）进行爆破、吊装以及国务院安全生产监督管理部门会同国务院有关部门规定的其他危险作业，未安排专门人员进行现场安全管理的；

（四）未建立事故隐患排查治理制度的。

第九十九条　生产经营单位未采取措施消除事故隐患的，责令立即消除或者限期消除；生产经营单位拒不执行的，责令停产停业整顿，并处十万元以上五十万元以下的罚款，对其直接负责的主管人员和其他直接责任人员处二万元以上五万元以下的罚款。

第一百条　生产经营单位将生产经营项目、场所、设备发包或者出租给不具备安全生产条件或者相应资质的单位或者个人的，责令限期改正，没收违法所得；违法所得十万元以上的，并处违法所得二倍以上五倍以下的罚款；没有违法所得或者违法所得不足十万元的，单处或者并处十万元以上二十万元以下的罚款；对其直接负责的主管人员和其他直接责任人员处一万元以上二万元以下的罚款；导致发生生产安全事故给他人造成损害的，与承包方、承租方承担连带赔偿责任。

生产经营单位未与承包单位、承租单位签订专门的安全生产管理协议或者未在承包合同、租赁合同中明确各自的安全生产管理职责，或者未对承包单位、承租单位的安全生产统一协调、管理的，责令限期改正，可以处五万元以下的罚款，对其直接负责的主管人员和其他直接责任人员可以处一万元以下的罚款；逾期未改正的，责令停产停业整顿。

第一百零一条　两个以上生产经营单位在同一作业区域内进行可能危及对方安全生产的生产经营活动，未签订安全生产管理协议或者未指定专职安全生产管理人员进行安全检查与协调的，责令限期改正，可以处五万元以下的罚款，对其直接负责的主管人员和其他直接责任人员可以处一万元以下的罚款；逾期未改正的，责令停产停业。

第一百零二条　生产经营单位有下列行为之一的，责令限期改正，可以处五万元以下的罚款，对其直接负责的主管人员和其他直接责任人员可以处一万元以下的罚款；逾期未改正的，责令停产停业整顿；构成犯罪的，依照刑法有关规定追究刑事责任：

（一）生产、经营、储存、使用危险物品的车间、商店、仓库与员工宿舍在同一座建筑内，或者与员工宿舍的距离不符合安全要求的；

（二）生产经营场所和员工宿舍未设有符合紧急疏散需要、标志明显、

保持畅通的出口，或者锁闭、封堵生产经营场所或者员工宿舍出口的。

第一百零三条 生产经营单位与从业人员订立协议，免除或者减轻其对从业人员因生产安全事故伤亡依法应承担的责任的，该协议无效；对生产经营单位的主要负责人、个人经营的投资人处二万元以上十万元以下的罚款。

第一百零四条 生产经营单位的从业人员不服从管理，违反安全生产规章制度或者操作规程的，由生产经营单位给予批评教育，依照有关规章制度给予处分；构成犯罪的，依照刑法有关规定追究刑事责任。

第一百零五条 违反本法规定，生产经营单位拒绝、阻碍负有安全生产监督管理职责的部门依法实施监督检查的，责令改正；拒不改正的，处二万元以上二十万元以下的罚款；对其直接负责的主管人员和其他直接责任人员处一万元以上二万元以下的罚款；构成犯罪的，依照刑法有关规定追究刑事责任。

第一百零六条 生产经营单位的主要负责人在本单位发生生产安全事故时，不立即组织抢救或者在事故调查处理期间擅离职守或者逃匿的，给予降级、撤职的处分，并由安全生产监督管理部门处上一年年收入百分之六十至百分之一百的罚款；对逃匿的处十五日以下拘留；构成犯罪的，依照刑法有关规定追究刑事责任。

生产经营单位的主要负责人对生产安全事故隐瞒不报、谎报或者迟报的，依照前款规定处罚。

第一百零七条 有关地方人民政府、负有安全生产监督管理职责的部门，对生产安全事故隐瞒不报、谎报或者迟报的，对直接负责的主管人员和其他直接责任人员依法给予处分；构成犯罪的，依照刑法有关规定追究刑事责任。

第一百零八条 生产经营单位不具备本法和其他有关法律、行政法规和国家标准或者行业标准规定的安全生产条件，经停产停业整顿仍不具备安全生产条件的，予以关闭；有关部门应当依法吊销其有关证照。

第一百零九条 发生生产安全事故，对负有责任的生产经营单位除要求其依法承担相应的赔偿等责任外，由安全生产监督管理部门依照下列规定处以罚款：

（一）发生一般事故的，处二十万元以上五十万元以下的罚款；

（二）发生较大事故的，处五十万元以上一百万元以下的罚款；

（三）发生重大事故的，处一百万元以上五百万元以下的罚款；

（四）发生特别重大事故的，处五百万元以上一千万元以下的罚款；情节特别严重的，处一千万元以上二千万元以下的罚款。

第一百一十条　本法规定的行政处罚，由安全生产监督管理部门和其他负有安全生产监督管理职责的部门按照职责分工决定。予以关闭的行政处罚由负有安全生产监督管理职责的部门报请县级以上人民政府按照国务院规定的权限决定；给予拘留的行政处罚由公安机关依照治安管理处罚法的规定决定。

第一百一十一条　生产经营单位发生生产安全事故造成人员伤亡、他人财产损失的，应当依法承担赔偿责任；拒不承担或者其负责人逃匿的，由人民法院依法强制执行。

生产安全事故的责任人未依法承担赔偿责任，经人民法院依法采取执行措施后，仍不能对受害人给予足额赔偿的，应当继续履行赔偿义务；受害人发现责任人有其他财产的，可以随时请求人民法院执行。

第七章　附　则

第一百一十二条　本法下列用语的含义：

危险物品，是指易燃易爆物品、危险化学品、放射性物品等能够危及人身安全和财产安全的物品。

重大危险源，是指长期地或者临时地生产、搬运、使用或者储存危险物品，且危险物品的数量等于或者超过临界量的单元（包括场所和设施）。

第一百一十三条　本法规定的生产安全一般事故、较大事故、重大事故、特别重大事故的划分标准由国务院规定。

国务院安全生产监督管理部门和其他负有安全生产监督管理职责的部门应当根据各自的职责分工，制定相关行业、领域重大事故隐患的判定标准。

第一百一十四条　本法自2002年11月1日起施行。